传统文化故事会

FAMING FAXIAN
DE GUSHI

发明发现的故事

《传统文化故事会》编委会 编

大连出版社
DALIAN PUBLISHING HOUSE

ⓒ《传统文化故事会》编委会　2018

图书在版编目（CIP）数据

发明发现的故事 /《传统文化故事会》编委会编 . —大连：
大连出版社，2018.12（2024.5 重印）
（传统文化故事会）
ISBN 978-7-5505-1423-2

Ⅰ.①发… Ⅱ.①传… Ⅲ.①创造发明－中国－古代－
普及读物 Ⅳ.① N092-49

中国版本图书馆 CIP 数据核字（2018）第 301638 号

策划编辑：卢　锋　代剑萍
责任编辑：姚　兰
封面设计：林　洋
插图绘制：胡　军　刘　星
版式设计：高长敏
责任校对：李玉芝
责任印制：徐丽红

出版发行者：大连出版社
　　　地址：大连市西岗区东北路161号
　　　邮编：116016
　　　电话：0411-83620573 / 83620245
　　　传真：0411-83610391
　　　网址：http://www.dlmpm.com
　　　邮箱：dlcbs@dlmpm.com
印　刷　者：永清县晔盛亚胶印有限公司

幅面尺寸：160mm×220mm
印　　张：10
字　　数：92千字
出版时间：2018 年 12 月第 1 版
印刷时间：2024 年 5 月第 5 次印刷
书　　号：ISBN 978-7-5505-1423-2
定　　价：40.00 元

前言

　　中华文化源远流长、灿烂辉煌。在五千多年文明发展中孕育的中华优秀传统文化，积淀着中华民族最深沉的精神追求，是中华民族生生不息、发展壮大的丰厚滋养，是最深厚的文化软实力。党的十八大以来，以习近平同志为核心的党中央高度重视中华优秀传统文化的传承发展，使之成为实现"两个一百年"奋斗目标和中华民族伟大复兴中国梦的根本性力量。

　　为了深入挖掘中华文化蕴含的思想观念、人文精神、道德规范，促进优秀传统文化精神、理念、智慧的传承发展，我们组织编写了这套中华文化普及读物《传统文化故事会》。丛书主要以讲故事的方式向读者介绍优秀传统文化，反映其丰富内涵和精神本质。

　　《发明发现的故事》介绍了中国自古以来重要的科学发明和发现，以及围绕发明和发现的一些有趣故事，并配以相关诗词、成语等。该书内容通俗易懂，形式图文并茂，兼具知识性、故事性、可读性，不仅适合在广大民众中普及传统文化知识，也有助于中小学生拓展知识面，通过阅读一个个有趣的故事，接受优秀传统文化教育，坚定文化自信。

　　　　　　　　　　《传统文化故事会》编委会

目录

宁封子与陶器

发明介绍

陶器，质地较粗且不透明的黏土制品。由黏土（或加石英等）经成形、干燥、烧制而成，可上釉（yòu）或不上釉。烧成

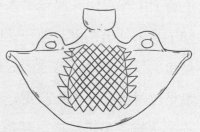

陕西宝鸡出土的船形彩陶壶

温度一般为600~1000 ℃，比瓷器的烧成温度低。按黏土成分的不同和烧制温度的差别，坯体呈灰、褐、棕等颜色。有日用、艺术和建筑陶器等。陶器在新石器时代开始大量出现，成为当时人类的主要生活用具之一。在考古学上，常根据其形制、花纹等特征区别文化类型，进行断代研究。

发明故事

宁封子，为中国古代传说中的仙人。据《列仙传》记载，他原是黄帝的陶正，后成仙。在民间流传着关于宁封子制陶的故事。

黄帝时期，人们已懂得用火烧熟食物来吃。话说有一天，宁封子从河里抓了很多鱼，他先把几条鱼直接放在火堆里烧，结果全烧焦了。他想了想，在剩下的几条鱼身上裹上了湿泥，又放进了火堆里。就在这时，黄帝派人通知宁封子外出办事，他一走就是三天。回来后，有人提起烧鱼的事，宁封子这才想起他临走时放进火堆里的鱼，他急忙跑过去刨开那堆灰烬，鱼早已没有了，只剩下一个泥壳。宁封子用手一敲，泥壳发出当当的响声。旁边一个看见的人说："宁封子真有本事，把软鱼烧成硬鱼了。"其他人哈哈大笑。宁封子没有说话，他把泥壳拿在手里左看右看，对大伙说："你们别笑，我虽然没吃上鱼，但可能烧出了一个有用的东西。"

宁封子拿起泥壳跑到河边，他用泥壳盛满水后观察了很久，发现泥壳里的水一滴未漏。

宁封子很善于思考，他从这次泥经火烧由软变硬的变

化中找到了灵感。他在河滩上发现了一截树墩，于是灵机一动，刨出河边的泥糊在树墩上，然后架起大火烧了三天三夜。待火熄后，他刨开一看：眼前已不是泥糊的一截树墩，而是一个硬泥筒。宁封子把河里的水灌进硬泥筒里，没有发现漏水现象。

宁封子高兴地抱着装水的硬泥筒往回跑，谁知不小心摔了一跤，硬泥筒摔碎了，水流得满地都是。宁封子并不气馁，他回想两次烧泥的经历，带着一块硬泥筒的碎片向黄帝汇报情况。黄帝听后非常高兴，他很支持宁封子继续进行这项研究。

经过很多次试验，中华民族的第一批陶器终于烧制成功了，人们有了盛物的器具，可以把水和食物等放在陶器里储存，可以用陶器煮食物，生活条件大大改善了。宁封子被黄帝封为陶正，主管制陶之事。

以上故事，只是传说。考古发现，在新石器时代，人们已大量制作和使用陶器，陶器成为当时人类的主要生活用具之一。在半坡遗址（距今6000多年）中，出土了用矿物颜料绘上图案，再入窑烧制的彩陶。中国古代劳动人民在生产生活实践中创造性地发明了陶器，方便了人们的生活，推动了人类社会的进步。

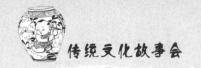

相关诗词

天地有炉长铸物，浊泥遗块待陶钧①。

——［唐］徐夤（yín）《鬓发》

闻说万方思旧德，一时倾望重陶甄②。

——［唐］赵嘏（gǔ）《舒州献李相公》

相关成语

陶犬瓦鸡： 用黏土制的鸡、狗。比喻无用之材，徒具其形而无能耐。

陶熔鼓铸： 比喻给人的思想、性格以有益的影响。

想象力评价

远古时期，在生产生活过程中，人们对黏土的状态和性质有了较深刻的认识，也在积极寻找用以蒸煮、储存食物的新器具，经过反复思考和无数次的试验，用水、火、

———————————

① 陶钧，制陶器时所用的转轮，比喻造就、创建。
② 陶甄，类似于陶铸，比喻造就、培育。

黏土制作的陶器被创造出来了。陶器的发明，大大地改善了人类的生活条件，在人类发展史上开辟了新纪元。

在你心中，这项发明的想象力可以获得几颗小星星？请为其获得的小星星涂上颜色。

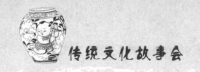
嫘祖与缫丝技术

发明介绍

　　缫（sāo），指把蚕茧浸在热水里，抽出茧丝。缫丝，根据产品线密度要求，将若干根茧丝从煮熟茧的茧层上抽出并合制成生丝或柞（zuò）蚕丝的制丝工序。先从茧层上觅得丝绪，引出茧丝，再将若干根茧丝合并组成生丝，边干燥边卷绕。当部分茧丝缫完或发生断头、生丝变细至允许范围以下，应及时添绪、接绪。

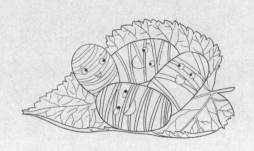

发明故事

在我国民间，一般认为养蚕缫丝的技术是黄帝的正妃嫘（léi）祖发明并传授于人的。

那时候，人们剥树皮，摘树叶，把野兽的皮毛剥下来，进行加工，制作衣服、帽子和鞋等。这些衣物虽能遮体和抵御严寒，但穿起来不舒服，也不方便。嫘祖是位聪明能干且又贤惠的女人。据传，有一次她在花园里休息，一个结在桑树上的蚕茧被风吹落掉进她装有热水的茶杯里，蚕茧在热水中慢慢变软，她捞出来后，发现蚕茧能扯出亮丽的丝。这个无意间的发现让嫘祖受到启发，她细心观察和研究起来，由此发明了缫丝技术。为了获得更多的茧丝，嫘祖开始养蚕。她用茧丝做成的衣服，轻巧、柔软又漂亮，深得黄帝欣赏。于是黄帝在全国提倡种桑树养蚕，嫘祖开始向人们传授养蚕缫丝的技术，这项技术逐渐在全国普及开来，人们的穿衣问题得以解决，嫘祖为促进人类社会的文明发展做出了重要的贡献。后人为了纪念嫘祖的功绩，尊称她为"先蚕娘娘"，有的地方还建庙祭祀她。

这个传说，从一个侧面说明了中国在远古时代就开始

养蚕缫丝和用茧丝做衣服了。丝绸之路把中国的丝绸等物传到亚洲中部、西部及非洲和欧洲等地，中国的蚕种和养蚕缫丝技术也传到世界各处。

发明家风采

　　嫘祖，亦作雷祖、累祖。传为西陵氏之女，黄帝正妃。传说中养蚕缫丝技术的创造者。北周以后被尊称为"先蚕娘娘"。

相关诗词

　　烛蛾谁救护？蚕茧自缠萦。

　　　　　　　　——［唐］白居易

　　《江州赴忠州至江陵已来舟中示舍弟五十韵》

　　人生如春蚕，作茧自缠裹。

　　　　　　　　——［南宋］陆游《书叹》

相关成语

作茧自缚：蚕吐丝作茧，把自己包在里面。比喻做了某事，结果反而使自己受困。

抽丝剥茧：比喻层层剖析。

想象力评价

茧丝是天然存在的，古代中国人运用其智慧发现了这种光滑、美丽而珍贵的纺织原料，发明了养蚕缫丝的技术，制成轻巧、柔软而漂亮的丝绸。这是人们开发利用昆虫资源为人类服务的成功范例。

在你心中，这项发明的想象力可以获得几颗小星星？请为其获得的小星星涂上颜色。

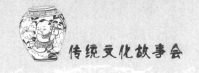
尧与围棋

发明介绍

　　围棋，是中国传统棋种。其棋盘纵横各十九道，共三百六十一个交叉点；棋 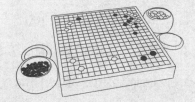 子分黑、白两色，通常为扁圆形。有对子棋和让子棋之分。现代对子棋由执黑子者先行，让子棋由上家执白子先行。对局时，双方在棋盘的空交叉点上轮流下一子，下定后不准再移动位置。双方均可运用多种战术占领棋盘上的地域（即交叉点）。终局时将占有的空位和子数相加计算，或单记空位，多者为胜。战国时已有关于围棋的文字记载。围棋在南北朝时传入朝鲜半岛、日本。20世纪80年代，成为流传到世界各大洲的棋种。

发明故事

关于围棋的起源，有"尧造围棋，以教丹朱"的说法。相传，尧娶了富宜氏以后，富宜氏生下儿子丹朱。当时社会平静，农耕生产和人民生活呈现繁荣兴旺的景象，但丹朱却让尧十分忧虑。因为丹朱长到了十几岁，却依旧不务正业，经常招惹祸端。为了让丹朱稳定心性，努力向善，尧创制出围棋，教丹朱学习下围棋。丹朱对下围棋这种有意思的娱乐活动很感兴趣，学得很用心。下围棋不仅开发了丹朱的智力，还陶冶了他的性情。后来，丹朱围棋还没学深学透，却听信了先前的酒肉朋友的话，觉得下围棋太束缚人，还费脑子，又终日游手好闲起来。尧对丹朱很失望，把其位禅让给考核了三年的舜。舜觉得自己的儿子不大聪明，就用围棋开发儿子的智力。

虽然这只是一个传说，却说明了下围棋是非常有益的一项活动。围棋见证了中华几千年的文明史。战国时期的弈秋是史书上有确切记载的第一位棋手。这里的"弈"，就是指围棋。东汉时期出现了《围棋赋》、《围棋铭》，可以看出，东汉时"围棋"一词已经在书面上被普遍使用。

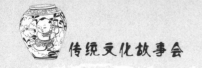

发明家风采

　　尧，传说中父系氏族社会后期部落联盟领袖。号陶唐氏，名放勋，史称"唐尧"。传曾命羲（xī）和掌管时令，制定历法。咨询四岳①，选舜为其继任人。对舜考核三年后，命舜摄位行政。他死后由舜继位，史称"禅让"。一说尧到了晚年为舜所囚，其位也为舜所夺。

相关诗词

观 弈

［明］吴 宽

高楼残雪照棋枰（píng），

坐觉窗间黑白明。

袖手自甘终日饱，

苦心谁惜两雄争？

豪鹰欲击形还匿，

怒蚁初交阵已成。

---

① 四岳，传说为尧舜时的四方部落首领。

却笑面前歧路满，

苏张①何事学纵横？

相关成语

举棋不定：拿着棋子，不能决定走哪一步。比喻做事犹豫不决。

星罗棋布：像星星似的罗列着，像棋子似的分布着。形容多而密集。

想象力评价

下围棋这种古老的棋类活动富有趣味性，且具有教育和开发智力的作用。古人往往喜欢把一些发明创造归到远古某位圣贤身上，实际上这些发明创造是劳动人民聪明才智的结晶。

在你心中，这项发明的想象力可以获得几颗小星星？

---

① 苏张，指战国时苏秦和张仪。苏秦合纵，张仪连横。战国时，弱国联合进攻强国，称为"合纵"；随从强国去进攻其他弱国，称为"连横"。

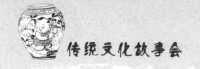

请为其获得的小星星涂上颜色。

相关发明简述

　　象棋　曾名"中国象棋"，是中国传统棋种，是两人对局先后下子的竞技活动。分红、黑两方，在棋盘上各放棋子十六枚，有将（帅）一，士（仕）、象（相）、车、马、炮各二，卒（兵）五，各子走法不同。棋盘中间划定楚河汉界，共有九十个据点，双方各占其半，红先黑后交替走子，以把对方"将死"或对方认输为胜，不分胜负为和。象棋历史悠久，棋制多有变迁，定型于北宋末南宋初，当时即很流行。明清两代象棋名家辈出，有大量棋谱刊印。中华人民共和国成立后，象棋被列为体育竞赛项目。

杜康与酒

发明介绍

酒，用高粱、大麦、米、葡萄或其他水果等含淀粉或糖的物质经过发酵制成的含乙醇的饮料，如白酒、黄酒、啤酒、葡萄酒等。

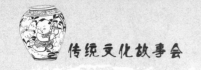

从考古发现和历史文献记载来看，中国在夏代已经出现了酒器，如青铜爵①、青铜盉②（hé）等，这些青铜酒器已非常精美。关于酒的起源，有以下传说：

禹建立了中国历史上第一个王朝——夏。禹死后，他的儿子启自己继承了王位。继启登位的启的长子太康荒淫无道，不理民事，被东夷族后羿夺去王位。而后羿随即又被自己的亲信寒浞（zhuó）取代。之后，后羿拥立太康的弟弟仲康为王。仲康的儿子相遭到寒浞的追杀，此时，相的妻子怀有身孕，她逃到有仍氏，生下了少康（即杜康）。少康后成为有仍氏牧正，主管禽兽畜养。

寒浞想斩草除根，派人捉拿少康。少康无奈，跑到有虞氏的地盘，做了那里的庖正。少年少康以放牧为生，他把带的饭食挂在树上，却常常忘了吃。有一次，少康偶然发现之前挂在树上的饭变了样子，产生的汁水竟甘美异常，这引起了他的兴趣。他反复地研究思索，终于发现了自然发酵的原理，遂有意识地制造，并不断

---

① 青铜爵，古代饮酒的器皿，有三条腿，口沿上有双小柱。
② 青铜盉，古代温酒或调节酒的浓淡的器具，形状像壶，三足或四足。

改进，终于形成了一套完整的酿酒工艺，成为中国酿酒业的开山祖师，其所造之酒被命名为"杜康酒"。

后来，富有反抗精神的少康联合同姓部落有鬲氏攻杀寒浞，恢复了夏代统治，史称"少康中兴"。

发明家风采

杜康，即少康，夏代国君，姒（sì）姓，仲康之孙，相之子。传说中酿酒工艺的发明者。《说文·巾部》："古者少康初作箕帚、秫（shú）酒。少康，杜康也。"后即以"杜康"为酒的代称。曹操《短歌行》："何以解忧，惟有杜康。"

相关诗词

总道忘忧有杜康，

酒逢欢处更难忘。

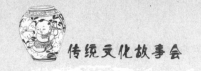
桃红李白春千树，

古是今非笑一场。

——［金］元好问《鹧（zhè）鸪（gū）天·孟津作》

相关成语

借酒浇愁：借饮酒来排遣、消除心中的愁闷。

酒囊饭袋：比喻只会吃喝、不会做事的无用之人。

想象力评价

中国酿酒的历史源远流长，传说中的"酒圣"杜康发现了以黏高粱为原料通过微生物发酵作用制酒的方法，体现了古代中国人的创造精神。

在你心中，这项发明的想象力可以获得几颗小星星？请为其获得的小星星涂上颜色。

鲁班与锯

发明介绍

　　锯，用于手动或在机床上切断材料或开缝、开槽、切出曲线等的刀具。有在钢条边上或圆钢片周缘上开有许多齿的锯条（包括条状的和环状的）或圆锯片等。工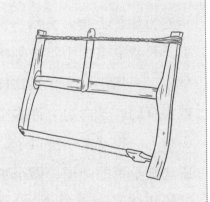作时，做往复、循环或旋转的切削运动。传说，锯由鲁班发明。

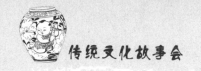

发明故事

木工用的锯，传说是鲁班发明的。

有一次，鲁班奉命承担了一项工程，要建筑一座大宫殿。这项工程要用很多大木料，鲁班就派他的徒弟上山去砍树。当时还没有锯，砍树全靠斧子。斧子又笨又重，他的徒弟起早贪黑，累得筋疲力尽，一天也砍不了多少树。工程的期限很紧，木料供应却跟不上。鲁班非常着急，他决定到山上去看看。

山很陡，鲁班用手抓住山路两边的杂草，一步一步吃力地往上爬。突然，鲁班的手指被一棵小草划了一下，长着老茧的手指被划出一道口子，渗出血来。他心里想，一棵小草为什么这样厉害？他仔细一看，发现这种小草的叶子两边有许多小齿，非常锋利，这些小齿在手指上一拉就是一道口子。这提醒了他。他想：如果仿造这种小草的叶子，做个带锯齿的铁条，用它去拉树，不比用斧子省力得多吗？他连忙深一脚浅一脚地跑下山，找来铁匠，一起研究，一起动手，打了这样的铁条。把这个铁条拿到山上去拉树，果然又快又省力。他们的工作效率大大提高，顺利完成了任务。

这样的铁条，后来演变成了锯。

发明家风采

　　鲁班，中国古代建筑工匠。相传姓公输，名般，亦作班、盘，或称"公输子"、"班输"，春秋时鲁国人，故通称"鲁班"或"鲁盘"。曾创造攻城的云梯和磨粉的石磨。相传曾发明多种木作工具，被后世建筑工匠、木匠尊为"祖师"。

相关诗词

锯 子

［明］解 缙（jìn）

曲邪除尽不疑猜，
昔日公输巧制来。
正是得人轻借力，
定然分别栋梁材。

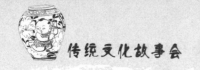

相关成语

绳锯木断：拉绳做锯，能把木头锯断。比喻力量虽小，只要坚持不懈，仍然能把难以办到的事做成。

刀锯鼎镬（huò）：刀锯，割刑、刖（yuè）刑①的刑具。鼎镬，烹人的大锅。借指残酷的刑罚。

想象力评价

锯的出现使砍伐树木比原来轻松了很多，工作效率大大提高。鲁班用他的智慧解决了人们生产生活中的不少问题。善于观察和思考的人往往能从一些小事或细节中取得很大的收获。

在你心中，这项发明的想象力可以获得几颗小星星？请为其获得的小星星涂上颜色。

---

① 刖刑，古代砍掉脚的酷刑。

鲁班与橹

发明介绍

　　橹，使船前进的工具，比桨长而大，安在船尾或船旁，用人摇。

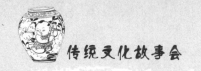

发明故事

传说，有一天，鲁班坐船回家，他看到老艄公用竹篙撑船十分吃力。等把船撑到对岸，老艄公已经累得气喘吁吁、满头大汗了。

鲁班上岸后，两眼盯着小船默默地想：有什么好办法能让人们撑船时省力一些呢？

这时，一群鸭子"嘎嘎"叫着，"扑通扑通"跳下水。只见它们用脚蹼往身后拨水，身子轻快地向前滑行。

鲁班出神地看着，忽然眼睛一亮，马上找来一根粗木棍。他把木棍上半截削成圆柱形，就像鸭子的腿，把木棍下半截削成扁扁的，就像鸭子的脚蹼。他把做好的工具拿给老艄公，老艄公拿去安在船尾，一摇，嗬，不光省力，船也行得快多了。

为了纪念鲁班的发明，人们把这种摇船的工具叫橹板，即后来所说的橹。橹的效率比桨高，有"一橹三桨"之说。

相关诗词

淋漓牛酒起樯（qiáng）干，

健橹飞如插羽翰。

破浪乘风千里快，

开头击鼓万人看。

——［南宋］陆游《初发荆州》

相关成语

朽竹篙舟： 篙，撑船用的竹竿。用朽竹做篙竿以推舟，因工具腐劣，其事不成。比喻做事的工具或条件不佳，难能成就。

移船就岸： 移动船只到岸边。比喻主动向某方靠拢。

想象力评价

橹的发明使渡河比原来省力了很多，也快了很多。这项发明与鲁班善于观察、善于思考是密不可分的。

在你心中，这项发明的想象力可以获得几颗小星星？请为其获得的小星星涂上颜色。

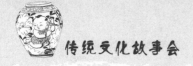

鲁班与伞

发明介绍

　　伞，以柄、骨、盖组成，且能张合的挡雨、遮阳用具。传说，伞是鲁班发明的。

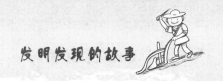

发明故事

　　传说，有一天，鲁班和妹妹到湖边游玩，忽然下起了大雨，游人被淋得四处躲藏。

　　雨中的山更青，水更绿，景色更加迷人了。"唉，"妹妹叹了口气说，"要是在雨天也能不被淋湿地游玩该有多好哇！"鲁班说："我在湖边盖几个小亭子，人们坐在亭子里观赏风景，就不怕日晒雨淋了。"妹妹说："可是坐在小亭子里，只能看见附近的景色，要想看到全部的风景，得需要多少亭子啊？！"鲁班想：妹妹说得有道理，要是能造出一种既能挡雨又能带着走的东西就好了。

　　忽然，雨中传来一阵孩子们的嬉闹声。鲁班抬头一看，只见几个小孩正在雨中追逐玩耍。他们每个人的头上都顶着一片荷叶，那些落在荷叶上的雨珠顺着荷叶的脉络不停地向四周流去。"我有办法了！"鲁班兴奋地对妹妹说。

　　鲁班跑回家，照着荷叶的样子，先用竹条扎好架子，又找来一块羊皮，把它剪得圆圆的，蒙在竹架子上……妹妹试了试，说："要是能在用的时候把它撑开，不用的时候又能折起来，就更好了。"鲁班眼睛一亮，说：

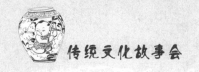

"对！"他又反复试了很多次，终于造出了能开能合的伞。用的时候，就把它撑开；不用的时候，就把它收拢。

舟过安仁

［南宋］杨万里

一叶渔船两小童，
收篙停棹坐船中。
怪生无雨都张伞，
不是遮头是使风。

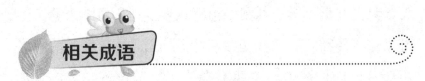

班门弄斧：在鲁班门前摆弄斧头。比喻在行家面前卖弄本领，不自量力。有时也用作谦辞。

雨后送伞：雨停了送伞。比喻事后献殷勤；也比喻帮助不及时。

想象力评价

　　伞的出现方便了人们在雨天出行。鲁班的观察与思考使他创造了很多给人们带来极大方便的发明。

　　在你心中，这项发明的想象力可以获得几颗小星星？请为其获得的小星星涂上颜色。

鲁班与石磨

发明介绍

石磨，用两个圆石盘做成的把粮食弄碎的工具。一般下磨盘固定，周边有集料槽。外力驱动上磨盘旋转时，从上磨盘喂料口落入上、下磨盘间的物料经磨盘齿槽挤压、搓擦、剪切成粉状，自磨盘边沿落入集料槽。也可将物料浸水后加工成糊状。

发明故事

据传，石磨是由中国古代优秀的创造发明家鲁班发明的。在这以前，人们要吃米粉、麦粉，都是把米、麦放在石臼里，用粗石棍来捣。用这种方法很费力，捣出来的粉有粗有细，而且一次捣的量很少。鲁班想找一种用力少、收效大的方法。他用两块有一定厚度的扁圆柱形的石头制成磨盘。下磨盘中间装有一个短的立柱，用铁制成，上磨盘中间有一个相应的空套，两个磨盘相合以后，下磨盘固定，上磨盘可以绕立柱转动。两个磨盘相对的一面，留有一个空腔，叫磨膛，磨膛的外周制成一起一伏的磨齿。上磨盘有磨眼，磨粉的时候，谷物通过磨眼流入磨膛，均匀地分布在四周，被磨成粉末后，从夹缝中流出，过罗筛、去麸（fū）皮等就得到面粉。

我国石磨磨齿的形状在古代经历了发展变化，至隋唐时期较为成熟。石磨磨齿纯手工制作是一项专业性很强的复杂技术，其设计合理、自然、科学。石磨有用人力、畜力和水力作为动力的。用水力作为动力的石磨，大约在晋代就出现了。随着机械制造技术的进步，人们发明了构造比较复杂的水磨，这种磨一个水轮能带动几个磨同时转动，在元代农学家王祯的《农书》中有记载。

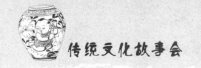

相关诗词

石 磨

［南宋］刘子翚（huī）

盘石轮囷①（qūn）隐涧幽，

烟笼月照几经秋。

可怜琢作团团磨，

终日随人转不休。

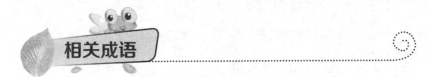

相关成语

卸磨杀驴：刚卸了磨，就把拉磨的驴杀掉。比喻达到目的之后，就把曾经出过力的人除掉或抛弃。

油回磨转：比喻心急火燎，团团转。

---

①轮囷，亦作"轮菌"、"轮箘"，指屈曲的样子或高大的样子。

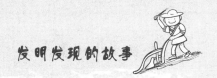

想象力评价

　　石磨的出现使磨粉比原来省力了很多。面对人们捣粉的不便，鲁班一直在思考改进的办法，他善于钻研的精神值得大家学习。

　　在你心中，这项发明的想象力可以获得几颗小星星？请为其获得的小星星涂上颜色。

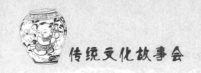
范蠡与杆秤

发明介绍

秤，测定物体重量的器具，现有杆秤、地秤、台秤、弹簧秤等多种。杆秤，秤的一种，秤杆一般用木头制成，杆上有秤星。称物品时，移动秤砣，秤杆平衡之后，从秤星上可以知道物体的重量。

发明故事

在一种民间传说中，范蠡（lǐ）发明了十六两秤，这是最早的一种杆秤。

范蠡帮助越王勾践复国之后，急流勇退，隐姓埋名，经商去了。他在经商中发现，人们在市场上买卖东西大多是用眼睛估计，很难做到公平交易，便想创造一种测定货物重量的工具。

一天，范蠡经商回家，在路上偶然看见一个农夫用桔（jié）槔（gāo）从井里汲水。桔槔，俗称"吊杆"，是利用杠杆原理制作的原始提水机械。在一根横木上，选择适当位置作为支点，系一根绳子，悬在木柱或树干上，一端用绳挂一水桶，另一端系重物，使两端上下运动以汲取井水。范蠡受到启发，回家做了一个杆秤：找一根细直的木棍，在木棍上钻一个小孔，在小孔上系上麻绳，用手来提，在木棍一端拴上吊盘，装盛货物，在木棍另一端用绳吊起一块鹅卵石，这块鹅卵石，相当于砣，可以移动位置，以达到平衡。鹅卵石离小孔越远，吊盘上的货物就越重。为了明确地表示出重量，范蠡觉得必须在木棍上刻出标记才行。但用什么东西做标记呢？他苦苦思索了几个

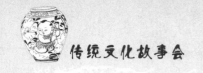
月，仍不得要领。一天夜里，范蠡抬头看见天上的星宿，突发奇想，用南斗六星和北斗七星做标记，一颗星一两重，十三颗星一斤重。从此，市场上便有了杆秤这种测定物体重量的器具。

但时间一长，范蠡发现有些心术不正的商人卖东西时缺斤少两。经过一番苦思冥想，他在南斗六星和北斗七星之外再加上福、禄、寿三星，十六两为一斤。范蠡告诫同行：作为商人，要光明正大，不能赚黑心钱。缺一两折福，缺二两折禄，缺三两折寿。

这种十六两秤，据说用了两千多年。

发明家风采

范蠡，春秋末期越国大夫，字少伯，楚国宛（今河南南阳市）人。传说越国被吴国打败后，他到吴国当了三年人质。他返回越国后帮助越王刻苦图强，灭吴国，后来辞官。相传，他游历到齐国，称"鸱（chī）夷子皮"。游历到

陶（今山东肥城西北陶山，一说山东定陶西北），改名"陶朱公"，以经商致富。他认为天时、气节随着阴阳二气的矛盾而变化，国势的盛衰也不断转化。对付敌人要随形势变化制定计策，强盛时应戒骄，衰弱时要争取有利时机，转弱为强。又认为物价贵贱取决于供求关系，主张谷贱时由官府收购，谷贵时平价售出。

相关诗词

咏 秤

[北宋] 梅尧臣

圣人防争心，

权衡为之设。

后世失其平，

有星徒尔列。

物物尚可欺，

铢铢不须别。

将淳天下民，

安得必毁折。

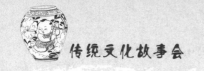

相关成语

兔死狗烹：《史记·越王勾践世家》："蜚（飞）鸟尽，良弓藏；狡兔死，走狗烹。"兔死狗烹，即兔子死了，猎狗也就被煮来吃了。比喻事情成功以后，把曾经出过大力的人杀掉。

秤不离砣：秤不能离开砣。比喻关系密切，不可分离；也指两者分开后，都无用处。

想象力评价

运用杠杆原理的杆秤，作为商品重量的测定工具，曾代代相传，在全国各地使用。它方便人们公平地买卖，反映出中国古代劳动人民的聪明才智。天地之间有杆秤，秤也成为公平、公正的象征。

在你心中，这项发明的想象力可以获得几颗小星星？请为其获得的小星星涂上颜色。

墨子与小孔成像

现象介绍

　　用一个带有小孔的板遮挡在屏幕与物体之间，屏幕上形成物体的倒像，我们把这样的现象叫小孔成像。前后移动中间的板，像的大小也会随之发生变化。这种现象反映了光在同种均匀介质中沿直线传播。现代的一些光学照相机应用的就是小孔成像原理。

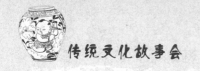

发现故事

在两千四五百年以前，墨子和他的学生做了世界上第一个小孔成倒像的实验，发现了小孔成像的原理。《墨经》中记录了这个实验。

墨子和他的学生在一间黑暗的小屋朝阳的墙上开了一个小孔，一个人对着小孔站在屋外，屋里相对的墙上就出现了这个人倒立的影。为什么会出现这种奇怪的现象呢？经过研究后，墨家得出结论：光穿过小孔如射箭一样，是直线行进的，不同方向射来的光互相交叉而形成倒影。人的头部遮住了上面的光，形成的影在下面；人的足部遮住了下面的光，形成的影在上面。且人离小孔越远，影越小；人离小孔越近，影越大。

虽然《墨经》中说的是成影而不是成像，但其原理与现今的小孔成像原理是完全一致的，是对光沿直线传播的第一次科学解释。

发现者风采

墨子（约前468—前376），春秋战国之际思想家、

政治家，墨家的创始人，名翟（dí）。相传原为宋国人，后长期住在鲁国。曾学习儒术，因不满其烦琐的"礼"，另立新说，聚徒讲学，成为儒家的主要反对派。其"天志"、"明鬼"学说，不脱殷周传统的思想形式，但赋以"非命"和"兼爱"的内容，反对儒家的"天命"和"爱有差等"说，认为"执有命"是"天下之大害"，力主"兼相爱，交相利"，不应有亲疏贵贱之别。他本人更有"摩顶放踵，利天下为之"的实践精神。他的"非攻"思想，体现了当时人民反对掠夺战争的意向。他的"非乐"、"节用"、"节葬"等主张，是对当权贵族"繁饰礼乐"和奢侈享乐生活的抗议。提出"尚贤"、"尚同"的政治主张，认为"官无常贵，民无终贱"，反对贵族的世袭制和儒家的亲亲尊尊，试图用上说下教的方法，"使饥者得食，寒者得衣，劳者得息，乱则得治"。在动机与效果问题上，强调善与用、志与功的统一。其弟子很多，以"兴天下之利，除天下之害"为教育目的，尤重艰苦实践，服从纪律。墨子学说对当时思想界

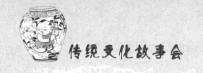
影响很大，与儒家并称"显学"。现存《墨子》五十三篇，是研究墨子和墨家学说的基本材料。

相关古文

志不强者智不达，言不信者行不果。

——《墨子·修身》

夫爱人者，人必从而爱之；利人者，人必从而利之；恶人者，人必从而恶之；害人者，人必从而害之。

——《墨子·兼爱中》

相关成语

墨守成规：墨守，墨翟善于守城，因此称善守为"墨翟之守"或"墨守"，后引申为固执保守。成规，现成的或通行已久的规章、方法。指因循守旧、不肯变通。

凿壁偷光：凿，打孔。在墙壁上打孔，偷借隔壁屋里的一点儿光亮读书。后用以形容刻苦学习。

想象力评价

　　光在同种均匀介质中沿直线传播的现象一直被人们所熟知，但要证明这一性质、解释其原理，却需要实验、思考和总结。

　　在你心中，这项发现的想象力可以获得几颗小星星？请为其获得的小星星涂上颜色。

指南针

发明介绍

指南针，指示方位的一种简单仪器，中国古代四大发明之一。中国在战国时已有用天然磁铁矿石琢磨成的指南工具，称为"司南"，其最早的记载见于《韩非子·有度》，著作年代约在公元前3世纪。北宋沈括在《梦溪笔谈》中对磁石磨成的指南针已有详细记载，而欧洲关于磁针的记录则较晚。指南针的主要组成部分是一根可以转动的磁针。磁针在地磁作用下能保持在磁子午线平面内，利用这一性能，可以辨别方向。指南针常用于航海、旅行和行军。

中国古代很早就认识到磁石指南的特性。大约在战国时期，出现了现在所用指南针的始祖——司南。《韩非子·有度》中说："故先王立司南以端朝夕。"端，正。朝夕，指东西方向。用天然磁铁矿石琢磨成一个勺形的东西，放在一个光滑的盘上，盘上刻着方位。勺形的东西在盘上转动，当它停下来时，柄就指向南方。

到了北宋时期，人们在实践中逐渐掌握了人工制造磁体的方法，人们用人工磁化的方法制造了指南鱼。曾公亮在其主编的《武经总要》[庆历四年（公元1044年）成书]中记载了制作和使用指南鱼的方法：用薄薄的铁片做成鱼形，将其烧红后进行人工磁化，可以像小船一样浮在水面上，鱼头指南。之后，还有木头制成、腹中放入磁体的指南鱼和指南龟（置于竹钉上）。

在指南鱼和指南龟之后，人们在实践中不断进行改进，出现了用磁针制成的指南针。沈括在《梦溪笔谈》中介绍和比较了指南针的四种用法，他推崇缕悬法，即取新丝绵中单根的蚕丝，在磁针中部以蜡固定住，挂在没有风的地方，针的一端常指南方。

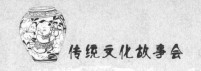

为了更加准确地确定方位，人们发明了罗盘。罗盘由有方位刻度的圆盘和装在中间的指南针构成。宋代的海船上已用罗盘辨别方向。朱彧（yù）在公元1119年写成《萍洲可谈》一书，书中写道："舟师识地理，夜则观星，昼则观日，阴晦观指南针。"明代郑和在七次下西洋的远洋航行中都使用了精度较高的罗盘。相传，乘坐中国海船的阿拉伯商人将指南针传到阿拉伯国家，后来又传到欧洲，大大促进了世界远洋航海的发展。

相关诗词

扬 子 江

[南宋] 文天祥

几日随风北海游，

回从扬子大江头。

臣心一片磁针石，

不指南方不肯休。

相关成语

迷踪失路：指迷失了道路；也指误入歧途。

想象力评价

指南针是中国古代四大发明之一。我国古代劳动人民在长期的生产生活实践中发现了磁石指南的特性，他们对此进行了研究和利用，发明并不断完善了各种指南工具，使人们能够找到方向，辨清位置，促进了世界远洋航海的发展，进而迎来了地理大发现。

在你心中，这项发明的想象力可以获得几颗小星星？请为其获得的小星星涂上颜色。

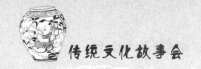
蒙恬与毛笔

发明介绍

　　毛笔，笔头用动物毛制成的笔，供写字、画画等用。

发明故事

　　相传，秦国大将蒙恬带兵在外作战，要定期写战报呈送秦王。他用竹签写字，很不方便，蘸了墨没写几下又要蘸墨。

　　有一天，蒙恬打猎时看见一只受伤的兔子，兔子的尾巴在地上拖出了一条长长的血迹，蒙恬来了灵感。他剪下一些兔尾毛，插在竹管上，制作了"兔毛笔"，试着用它来写字。可是兔毛油光光的，不吸墨。蒙恬又试了几次，还是不行，于是他随手把这支"兔毛笔"扔进了门前的坑里。

　　过了几天，蒙恬无意中看见了门前的坑里那支被自己扔掉的"兔毛笔"，捡起来后，他发现湿漉漉的兔毛变得更白了。他将"兔毛笔"往墨盘里一蘸，这笔变得非常听话，写起字来非常流畅。原来，坑里的水是石灰水，兔毛经过石灰水的浸泡，里面的油脂去掉了，变得柔顺起来，很适合书写。之后，"蒙恬笔"开始流行。

　　事实上，出土的文物已证明，毛笔远在蒙恬造笔之前很久就有了。但蒙恬作为毛笔制作工艺的改良者，也功不可没。据说，蒙恬是在出产最好兔毫的赵国中山地区取上好的秋兔之毫制笔的。

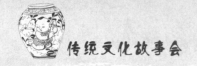

发明家风采

蒙恬（？—前210），秦名将。祖先本是齐国人，自祖父蒙骜（ào）起世代为秦名将。秦统一后，率兵三十万北击匈奴，收河南地（今内蒙古河套一带），并筑长城。驻军上郡数年，匈奴不敢进攻。秦始皇死后，丞相李斯与中车府令赵高合谋，篡改遗诏，赐其死，乃自杀。相传他以兔毛改良过毛笔。

相关诗词

以笔写竹如写字，

何独钟王擅能事。

同是蒙恬一管笔，

老手变化自然异。

——［元］方回《题罗观光所藏李仲宾墨竹》

相关成语

笔饱墨酣：笔力饱满，用墨充足。形容书法、诗文酣畅浑厚，很有气势。

笔走龙蛇：形容书法笔势雄健活泼。

想象力评价

蒙恬虽然不能获得毛笔的专利权，但他善于观察，制的笔精于前人，对毛笔的改进是有贡献的。

在你心中，这项发明的想象力可以获得几颗小星星？请为其获得的小星星涂上颜色。

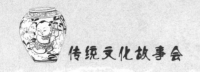

韩信与风筝

发明介绍

风筝，亦称"纸鸢"、"鹞（yào）子"，是一种民间玩具。用细竹扎成骨架，再糊薄纸（或牛皮、绢等），系以长线（绳），玩时利用风力升入空中。造型有兽、鸟、虫、鱼等。现有以塑料代替纸竹的。相传为汉初韩信所作。初名"纸鸢"，五代时在纸鸢上系竹哨，风入竹哨，声如筝鸣，故名"风筝"。放风筝是中国民间传统体育活动，现已成为一项国际比赛项目。

发明故事

　　相传，风筝的发明者是大军事家韩信。公元前202年，垓（gāi）下（今安徽固镇东北，沱河南岸）之战中，刘邦与韩信、彭越等合兵，将项羽的军队团团包围。传说，为了瓦解楚军的军心，韩信派人用牛皮制成风筝，上面捆上陶制的吹奏乐器埙（xūn），夜晚放到高空中，风吹着埙发出凄凉的声音，汉军和着笛声唱起了楚歌。项羽粮尽援绝，又听到四面皆楚歌，以为汉军已得楚地，突围南走，至乌江（今安徽和县东北）自刎而死。

　　宋代的《事物纪原》中记载了韩信利用风筝测量距离之事。书中说韩信与陈豨（xī）勾结，意图谋反，"故作纸鸢放之，以量未央宫远近，欲穿地隧入宫中"。

　　风筝一经发明，便在军事、通信活动中得到了应用。隋唐时期以后，风筝逐渐成为娱乐工具。北宋张择端的《清明上河图》中有放风筝的生动景象。人们用放风筝来锻炼身体，放风筝成为人们喜爱的户外活动。人们放飞风筝，也放飞梦想。在清明时节，有的地方的人们会将风筝放得高而远，然后将线剪断，让飞走的风筝带走一年所积的霉气。

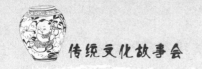

发明家风采

韩信（？—前196），西汉初军事家，淮阴（今江苏淮安市淮阴区西南)人。早年家贫，曾寄食于人。秦末，初属项羽起义军，未得重用。后来归属刘邦，成为大将。楚汉战争时，刘邦采用他的计策，攻占关中。刘邦在荥（xíng）阳、成皋（gāo）间与项羽相持时，他率军袭击项羽后路，破赵，取燕、齐。后被刘邦封为齐王。不久率军与刘邦会合，击灭项羽于垓下。西汉建立，改封楚王。有人告其谋反，被降为淮阴侯。又被告与陈豨勾结在长安谋反，萧何与吕后定计，把他诱入宫中杀掉了。韩信善于带兵，著有兵法《韩信》三篇，已失传。

相关诗词

有鸟有鸟群纸鸢，因风假势童子牵。

——［唐］元稹《有鸟》

相关成语

断线风筝：比喻一去不返或不知去向的人或东西。

四面楚歌：楚汉交战时，项羽的军队驻扎在垓下，兵少粮尽，被汉军和诸侯的军队层层包围起来，夜间听到四面汉军都唱楚歌，项羽吃惊地说："汉军把楚地都占领了吗？为什么楚人这么多呢？"（见于《史记·项羽本纪》）形容四面受敌，处于孤立危急的困境。

想象力评价

有着两千多年历史的风筝，可以说是一种重于空气的飞行器，体现出中国古代人民的智慧。在传统的中国风筝中，随处可见反映人们向往和追求美好生活、寓意吉祥的图案。风筝渗透着民族传统和民间习俗。

在你心中，这项发明的想象力可以获得几颗小星星？请为其获得的小星星涂上颜色。

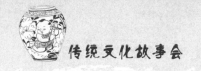
刘安与豆腐

发明介绍

　　豆腐，一种大豆制品。中国所创。色白，组织细腻、柔嫩、紧密，富有弹性，口感滑爽。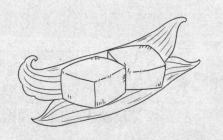由大豆经浸泡、磨细、滤净、煮浆后，加入少量凝结剂（石膏、葡萄糖酸内酯、盐卤等），使豆浆中蛋白质凝结，再除去过剩水分而成。可作烹饪原料，制成多种菜肴。

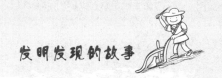

发明故事

　　明朝李时珍在《本草纲目》中说："豆腐之法，始于前汉淮南王刘安。"

　　相传，豆腐是由汉高祖刘邦之孙淮南王刘安发明的，时至今日，已有两千多年的历史。刘安好黄白之术①，召集道士、儒士、郎中以及江湖方术之士在山中炼丹，其中较为出名的有八个人，号称"八公"。当时淮南一带盛产优质大豆，这里的人们自古就有用山上的泉水磨豆浆来喝的习惯，刘安也爱喝豆浆。有一次，在炼丹过程中，刘安无意间将盐卤（一说石膏）弄进了豆浆里，没想到豆浆与盐卤发生了复杂的化学变化，液体的豆浆变成了固体的白白嫩嫩的东西。有人大胆地尝了尝，发现非常美味可口。他们把这白白嫩嫩的东西取名菽②（shū）乳，即后来的豆腐。就这样，刘安于无意中成为豆腐的创造者，后来，豆腐从炼丹房走进了千家万户。自刘安发明豆腐之后，以"八公"命名的八公山方圆数十里的广大村镇成了"豆腐之乡"。

---

① 黄白之术，古代指方士（古代称从事求仙、炼丹等活动的人为方士）烧炼丹药、点化金银的法术。

② 菽，本谓大豆，引申为豆类的总称。

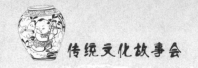

 发明家风采

刘安（前179—前122），西汉思想家、文学家。沛郡丰（今江苏丰县）人。汉高祖之孙，袭父位被封为淮南王。好读书鼓琴，善为文辞，才思敏捷，奉武帝命作《离骚传》。曾"招致宾客方术之士数千人"，编写《鸿烈》（后称《淮南鸿烈》，也叫《淮南子》），其内容以道家的自然天道观为中心，综合先秦道、法、阴阳等各家思想。刘安认为，宇宙万物都是"道"所派生的，"道"是"覆天载地"，"高不可际，深不可测"而"含阴阳"的东西。认识上提出"物至而神应"，"知与物接，而好憎生焉"，并强调后天的学问和教养。在政治上主张"无为而治"。但提出"苟利于民，不必法古；苟周于事，不必循旧"的观点。后因谋反事发自杀，受株连者达数千人。

相关诗词

咏豆腐诗

〔明〕苏 平

传得淮南术最佳，

皮肤退尽见精华。

旋转磨上流琼液，

煮月铛中滚雪花。

瓦罐浸来蟾有影，

金刀剖破玉无瑕。

个中滋味谁得知？

多在僧家与道家。

相关成语

一人得道，鸡犬升天： 传说汉代淮南王刘安修炼成仙，全家升天，连鸡狗吃了仙药也都升了天。后用来比喻一个人得势，他的亲戚朋友也跟着沾光。

塞翁失马： 边塞上一个老头儿丢了一匹马，别人来安

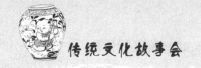

慰他，他说："怎么知道这不是福呢？"后来这匹马竟带着一匹好马回来了。（见于《淮南子·人间训》）比喻坏事在一定条件下可以变为好事。

想象力评价

与同是在炼丹过程中发明的火药一样，豆腐也是由意外或失误而发明出来的。要产生这种发明，需要在意外之中细心总结、大胆尝试。

在你心中，这项发明的想象力可以获得几颗小星星？请为其获得的小星星涂上颜色。

李少翁与皮影戏

发明介绍

　　皮影，中国民间皮影戏所用的皮制人物形象。最初用厚纸雕刻，后采用驴皮或牛羊皮，将其刮薄再行雕刻，并施以彩绘，风格类似民间剪纸。手、腿等分别雕制后用线连缀在一起，表演时灵活自如。

皮影戏，亦称"影戏"、"灯影戏"、"土影戏"，用灯光照射兽皮或纸板做成的人物剪影以表演故事。其剧目、唱腔多同地方戏曲相互影响，由艺人一边操纵皮影一边演唱，配以音乐。中国皮影戏在北宋时已有演出。据说元代曾传到西亚，并远及欧洲。由于流行地区、演唱曲调和剪影原料的不同而形成许多类别和剧种，以河北滦县一带的驴皮影，西北的牛皮影和福建龙溪（今漳州）、广东潮州的纸影较著名。

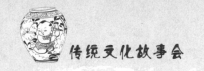

发明故事

  中国皮影艺术源远流长，有着悠久的历史，从有文字记载起，已经有两千多年的历史。

  关于皮影戏的起源，有各种不同的说法，其中有一种说法最为普遍。《汉书·外戚传》记载，汉武帝刘彻的爱妃李夫人因染重疾而离世，汉武帝思之心切，过于悲伤而导致神情恍惚。一日，方士李少翁出门，路上遇见孩童手拿布娃娃在玩耍，布娃娃的影子倒映在地上栩栩如生。见此，李少翁心中一动。他用棉帛剪裁成李夫人的影像，涂上色彩，在手脚处装上木杆。夜晚围方帷，点灯烛，摆上酒菜，恭请汉武帝端坐帐中观看。汉武帝远远地看见了李夫人的影子，但是不能走近。从此，李夫人的剪影成了汉武帝对爱妃的情感寄托。这个载入《汉书》的爱情故事，被认为是皮影戏的渊源。

  北宋时，皮影戏已有演出。同任何艺术形式一样，皮影戏能够流传下来有着深刻的历史和文化渊源。皮影戏里演出的内容大多是流传在民间脍炙人口的故事，这些剧目大多扬善抑恶，伸张正义，表现了人世间的真情实感。皮影戏的表演生动活泼，让观众感到亲切。

发明家风采

　　李少翁，汉武帝时的方士，自称能与神仙接触，以招神术受汉武帝宠信。曾为汉武帝招李夫人神，被封为文成将军。后来，其术败被诛。

相关诗词

李夫人歌

〔汉〕刘　彻

是邪，非邪？

立而望之，

偏何姗姗其来迟？

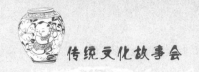

相关成语

姗姗来迟：姗姗，形容走路缓慢从容的姿态。形容慢腾腾地来晚了。

立竿见影：在阳光下立起竹竿，立刻就能看到竹竿的影子。比喻立见功效。

想象力评价

方士李少翁利用影子这一光学现象"招神"，与其善于观察和思考是密不可分的。

在你心中，这项发明的想象力可以获得几颗小星星？请为其获得的小星星涂上颜色。

赵过与耧

发明介绍

　　耧（lóu），亦称"耧车"、"耧犁"、"耩（jiǎng）子"，是一种畜力条播农具。相传为西汉时期的赵过所创。由耧架、耧斗、耧腿、耧铲等构成。作业时，

三脚耧模型

扶以畜力牵引的耧架前进，耧斗中的种子经排种口、耧腿落入耧铲开出的种床中，完成播种。可播大麦、小麦、大豆、高粱等。

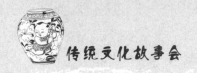

发明故事

相传，公元前1世纪，汉武帝末期职掌农耕及屯田事宜的搜粟都尉赵过推广代田法①，取得一定成果后，他又决心研制先进的农具，以进一步提高效率。在总结前人经验的基础上，赵过独具匠心地发明了三脚耧。

1959年，在山西平陆枣园村发掘了一座汉代王莽时期的壁画墓，主室内的南壁和西壁上绘有牛耕图和耧播图。耧播图上，有一个穿单衣赤足的农夫驾黄牛用三脚耧播种，真实地描绘了当时农业生产场面及三脚耧的形象。

使用三脚耧播种时，用一头牛拉着三脚耧，一个人在后面扶着三脚耧，这样将种子按一定的行距、适当的密度和深度，成条状或带状均匀播入土中。三脚耧可以把开沟、播种、掩土三道工序一次完成，沟垄整齐、宽窄划一、深浅均匀，改撒播为条播，既灵巧合理，又省工省时，可达到"日种一顷"。

———————

① 代田法，中国古代北方干旱地区的一种耕作方法。将一亩田（古代以长百步、宽一步作为一亩，每步六尺，每尺约合23.3厘米）做成三畎（quǎn，指低畦）三垄，每畎宽深各一尺，作物种在畎内，畎和垄的位置逐年调换。此法既有利于抗旱保持湿度，又可使地力获得休养。

三脚耧功能多、效率高，对促进农业生产起了重要作用。汉武帝曾下令在全国范围内推广这种先进的工具。它的原理和功能同现代播种机的类似，在构造上也有很多相似之处。

发明家风采

赵过，西汉时人，汉武帝末期任搜粟都尉。《汉书·食货志上》："（赵）过能为代田……其耕耘下种田器，皆有便巧。"东汉崔寔（shí）《政论》："（赵过）教民耕殖，其法三犁共一牛，一人将之，下种挽耧，皆取备焉。日种一顷。至今三辅犹赖其利。"大致当时在他的主持或设计下，创造了三脚耧。他还改进其他耕耘工具，同时提倡代田法，对农业生产起了一定的作用。

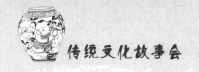

相关诗词

和圣俞农具诗十五首其九耧种

［北宋］王安石

富家种论石，

贫家种论斗。

富贫同一时，

倾泻应心手。

行看万垄空，

坐使千箱有。

利物博如此，

何惭在牛后？

相关成语

刀耕火种：一种原始的耕种方法，把地上的草木烧成灰做肥料，就地挖坑下种。

精耕细作：原为农业科技用语，指认真细致地耕作。现常比喻研究或创作工作中的严谨态度。

想象力评价

赵过创制的三脚耧是我国古代农业机械的重大发明之一。它使开沟、播种、掩土三道工序一次完成，大大地提高了播种的效率和质量。

在你心中，这项发明的想象力可以获得几颗小星星？请为其获得的小星星涂上颜色。

其他农具发明简述

骨耜（sì） 用骨头制成的形状像现在的锹的农具，在河姆渡遗址有出土。

曲辕犁 唐代发明的翻土用的农具，其辕弯曲，区别于

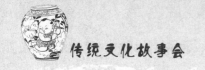

直辕犁。曲辕犁由11个部件构成，设计精妙，轻便灵巧，操作时可自如地控制入土深浅，回转省力，适于精耕细作，大大提高了耕作的效率和质量。

筒车　亦称"转轮式水车"，用转轮带动汲水筒提取河水的机具。其转轮用木或竹制成，直立于河边，底部浸入水中，受水流冲击而转动。轮周系有竹制或木制的盛水筒，筒在河中盛水后，随转轮转至上方，水自动倾入特备的槽内，流入农田。唐代刘禹锡的《机汲记》中有记载。

龙骨水车　亦称"翻车"，一种古老的木制提水工具。东汉灵帝（公元168年—189年）时由毕岚发明，后被广泛应用，流传至今，基本结构并无变化。由车槽、刮板、链条和齿轮等组成，用人力、畜力或风力带动链条循环转动，由装在链条上的刮板将水刮入车槽，水沿车槽上升，流入田间。龙骨水车的提水高度一般为1~2米，出水量随车槽尺寸和齿轮转速的不同而不同，一般为6~35米^3/时。

杜诗与水排

发明介绍

水排，又称"水力鼓风机"，由东汉杜诗创造。以水为动力，通过传动机械，使皮制鼓风囊连续开合，将空气送入冶铁炉，铸造农具，用力少而见效大。较欧洲早约一千一百年。

据王祯《农书》中的卧轮式水排图

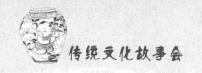

东汉光武帝刘秀在位期间，重用人才。建武元年（公元25年），杜诗一年中迁升三次，任侍御史。建武七年（公元31年），杜诗出任南阳太守。南阳地区土地肥沃，气候温和，水资源比较丰富，当时该地区农业和水利都比较发达。人们已经以铁制造农具，使农具不断得到改进。要获得用于铸造的液态铁，需要有很高的炉温。鼓风技术对于生铁冶铸的发展有着极重要的意义。之前的鼓风设备以人力或马力为动力，费时费力。为了提高效率，杜诗经过反复研究，发明了一种以水为动力，通过传动机械连续送出空气给冶铁炉送风加氧，使燃烧更充分的鼓风设备，即水排。使用这种设备，比此前的马力鼓风设备效率提高了三倍，大大节省了开支，得到了百姓的普遍称赞。可以说水排是东汉时期冶铁技术的重大创新，极大地促进了冶铁业的发展。

在西汉时期，南阳太守召（shào）信臣为当地的农田水利建设做出了杰出的贡献，百姓非常爱戴他，称他为"召父"。鉴于杜诗的功绩，百姓将他与召信臣相比，说"前有召父，后有杜母"。

发明家风采

杜诗（？—38），东汉河内汲县（今河南卫辉西南汲城）人，字君公，光武帝时为侍御史。建武七年（公元31年）任南阳太守，曾创造水排，又征发民工修治池沼，广开田地，有利于当地农业生产的发展。时人称"前有召父，后有杜母"。

相关诗词

杜母遗芳岂远求，

田功谁比此邦优。

麦矕桑陇疑淮左，

近水遥山似秀州。

——［南宋］陈造《杜母》

相关成语

召父杜母：西汉召信臣和东汉杜诗，先后为南阳太守，两人为官清廉，被誉为百姓的父母官。

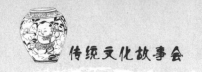

想象力评价

　　杜诗发明水排，一改中国冶炼鼓风装置以人力和畜力为动力的局面，大大提高了劳动效率，且比欧洲早了约一千一百年，在中国古代冶炼工艺发展史上具有里程碑式的意义。

　　在你心中，这项发明的想象力可以获得几颗小星星？请为其获得的小星星涂上颜色。

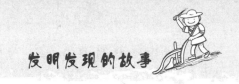

蔡伦与造纸术

　　西汉时期，人们已经懂得了造纸的基本方法。东汉时，宦官蔡伦总结前人经验，改进造纸工艺，用树皮、麻头、破布、旧渔网等植物纤维为原料造纸，纸的质量大大提高。这种纸原料易找，价格便宜，易于推广。此后纸的使用日益普遍，逐渐取代简帛，成为人们广泛使用的书写材料，也便利了典籍的流传。

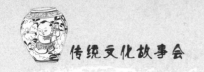

发明故事

　　纸问世之前，古人把文字刻画、书写在甲骨、竹简、丝帛上面，或铸刻在青铜器物上面。秦汉时期的公文、私人书信以及典籍等都用竹简、丝帛写成。竹简用竹制成，很重；丝帛虽然轻，但价格昂贵。无论是竹简还是丝帛，人们使用起来都受到很大限制。

　　考古学家在陕西西安、甘肃天水和敦煌等地多次出土了西汉时期的麻纸，有的纸上面还有文字和地图，这证明西汉时已生产纸。但这种纸质地粗糙，使用不便。到了东汉，蔡伦决心改进造纸技术，提高纸的质量，他想造出又轻便又便宜且使用方便的纸，供人们写字。

　　蔡伦想了很多办法，他不断地做试验，终于找到了一个好方法。他把树皮、麻头、破布、旧渔网等泡在水里，打碎成浆，再把浆薄薄地铺在竹帘上，晾干后轻轻揭下来，就成了一张张的纸。

　　元兴元年（公元105年），蔡伦把他制造出来的一批优质纸献给汉和帝刘肇（zhào），汉和帝很满意，厚赏了蔡伦，并下诏大力推广。此后，这种质量有了很大的

改进、产量有了很大的提高的纸，被人们广泛使用，给典籍的流传创造了便利条件。

发明家风采

蔡伦（约62—121），东汉造纸术发明家，字敬仲，桂阳［郡治今湖南郴（chēn）州］人。曾任中常侍、尚方令等职。他发明用树皮、麻头、破布、旧渔网等为原料造纸的技术，奏报朝廷后在民间推广。蔡伦在元初元年（公元114年）被封为龙亭侯，其所造纸张有"蔡侯纸"之称。

相关记载

自古书契，多编以竹简；其用缣（jiān）帛者，谓之为纸。缣贵而简重，并不便于人。伦乃造意，用树肤、麻头及敝布、鱼（渔）网以为纸。元兴元年奏上之，帝善其

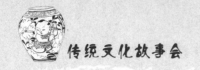
能，自是莫不从用焉，故天下咸称"蔡侯纸"。

——［南朝·宋］范晔（yè）《后汉书·蔡伦传》

相关成语

纸上谈兵：在文字上谈论用兵，到实际中却用不上。比喻空谈理论，不能解决实际问题。

洛阳纸贵：洛阳地区纸张的价格因用量增加而抬高了。形容好的书籍或文章风行一时。

想象力评价

造纸术是中国古代四大发明之一。造纸术的发明，是书写材料的一次重要的变革，是中国对世界文明的伟大贡献之一。世界各国的造纸术大都是从中国辗转流传过去的。

在你心中，这项发明的想象力可以获得几颗小星星？请为其获得的小星星涂上颜色。

张衡与候风地动仪

发明介绍

　　候风地动仪，中国古代一种测验地震方位的仪器。东汉张衡于顺帝阳嘉元年（公元132年）创制。用铜铸造，形如大酒樽，顶上有凸起的盖，周围八个龙头对准八个方向，每条龙的嘴里含一个小铜球。对着龙嘴有八个铜蛤蟆，它们昂着头，张着嘴，蹲在地上。哪里发生地震，对准那个方向的龙嘴会张开，铜球就落到铜蛤蟆嘴里，由此即可得知哪里发生了地震。

候风地动仪模型

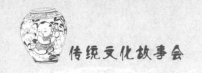

东汉时期，有一位杰出的科学家名叫张衡。那时候，经常发生地震。每发生一次地震，都会影响很多地区。不仅城墙、房屋大量倒塌，还会死伤许多人畜。当时，很多人把地震看作不吉利的征兆，认为是得罪了上天的结果。张衡却不这么看，他决心发明一种可以及时预测地震的仪器，以便老百姓和朝廷有所准备，避免造成更大的损失。

张衡认真记录、研究地震现象，经过细心的考察和分析，终于发明了一种测定地震方位的仪器——候风地动仪。

据《后汉书·张衡传》等史料记载，顺帝永和三年（公元138年）二月初三，候风地动仪正对西方的那个龙嘴突然张开，吐出了铜球。按照张衡的设计，这就说明京城西部发生了地震。可是那一天，京城洛阳一点儿没有地震的迹象，也没有听说附近哪儿发生了地震。大家议论纷纷，说张衡的候风地动仪是骗人的玩意儿，甚至有人说他造谣生事。而张衡坚信洛阳以西一定有地震发生。过了几天，有人骑着快马来向朝廷报告，说离洛阳

一千多里的陇西（今甘肃东南部）一带发生了大地震，还发生了山崩。大家这才信服了，纷纷夸赞候风地动仪的绝妙。从此以后，朝廷就责成史官根据候风地动仪记录地震发生的方位。

发明家风采

张衡（78—139），东汉科学家、文学家，字平子，河南南阳西鄂（今南阳石桥镇）人。曾任郎中、尚书侍郎等职，两度担任掌管天文历法的太史令。创制世界上最早利用水力转动的浑天仪和测定地震方位的候风地动仪，制造了指南车、自动记里鼓车和飞行数里的木鸟。定出圆周率 $\pi = \sqrt{10} = 3.1622$。张衡也是东汉六大画家之一。其天文著作有《灵宪》、《浑天仪注》，数学著作有《算网论》，地图制图学著作有《地形图》，文学作品有《二京赋》、《归田赋》等。

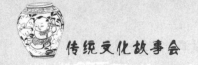

相关古文

游都邑（yì）以永久，无明略以佐时。徒临川以羡鱼，俟河清乎未期。感蔡子①之慷慨，从唐生②以决疑。谅天道之微昧，追渔父以同嬉。超埃尘以遐逝，与世事乎长辞。

——［汉］张衡《归田赋》

相关成语

天崩地坼（chè）：崩，倒塌。坼，裂开。天地碎裂。比喻令人震惊的重大变故。

山崩地裂：山倒塌，地裂开。多形容响声巨大，也比喻巨大的声势。

想象力评价

候风地动仪的出现，开启了人类对地震科学研究的先

---

① 蔡子，指战国时燕国人蔡泽，曾被秦昭王任为相国。
② 唐生，指战国时期的唐举，以擅长相术著名。

河，揭开了人类预知自然灾害的序幕。它是人类发明史上的重要成果之一。张衡勇于对未知现象进行探索，不屈不挠，通过长期的研究帮助人们认识和避免地震灾害。

在你心中，这项发明的想象力可以获得几颗小星星？请为其获得的小星星涂上颜色。

瓷器，以高岭土、长石和石英为原料，经混合、成形、干燥、烧制而成的黏土类制品。其特点是坯体洁白、细密，较薄者呈半透明，音响清脆，断面不吸水。可分为硬瓷和软瓷两大类。前者的烧成温度较高，物理、化学和机械强度较好，如化学瓷、电瓷、中国的日用瓷和艺术瓷等；后者的烧成温度较低，如骨灰瓷。

瓷器是中国古代的伟大发明之一。其起源有两种说法：一是"早期瓷器"，形成于西晋，或据浙江上虞的发现，可提早到东汉时期；二是"原始瓷器"，出现于商代。

中国瓷器以青瓷、白瓷和彩瓷为主要品种。青瓷到唐代达到成熟阶段，最著名的是越窑的青瓷；白瓷最著名的是邢窑的白瓷。宋代著名的瓷窑，青瓷有汝窑、官窑、龙泉窑、哥窑、钧窑、耀州窑等，白瓷有定窑，影青有景德镇窑，黑瓷有建窑等，都各具特色。明以后，景德镇窑成为瓷业中心，各种釉色和彩绘瓷器不断有着新的创造和发展。而一般瓷窑，几乎遍及全国。

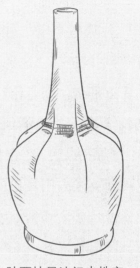

陕西扶风法门寺地宫出土的秘色瓷

唐宋以来，中国瓷器大量运销海外，其制造方法也传到东、西方各国。

发明故事

青花瓷的传说

青花瓷是一种白地蓝花的瓷器，清秀素雅，具有很高的艺术价值。关于青花瓷的来历，有一个动人的传说。

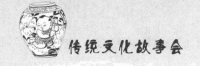

相传元代时，一个小镇上有个在瓷器上刻花的青年工匠，名叫赵小宝，他有个未婚妻，名叫廖青花。一天，青花问小宝："这瓷坯上的花儿，如果能用笔画上去，不更好吗？"小宝皱了皱眉头，说："我早就想过，可是找了很久，找不到一种适合在瓷上画画的颜料啊。"

青花听后，暗暗下定决心，一定要想办法找到这种颜料。她央求专门找矿的舅舅带她进山找矿。开始舅舅不答应，说找矿太辛苦，女孩子受不了。后来，经青花再三恳求，舅舅勉强答应下来。

青花和舅舅进山找矿去了。秋去冬来，时间一晃过去了三个月，小宝见青花和舅舅还未归来，放心不下，便冒着刺骨的寒风，踏着厚厚的白雪，直奔山上找青花和舅舅。小宝走了三天三夜，发现前面的山谷中有一缕青烟，急忙朝冒烟的地方奔去。

离得近些了，小宝发现青烟是从一个地洞里冒出来的，他赶紧钻进去，发现地洞的一角堆满各种矿石，再一看，地洞的另一角躺着一个闭着眼睛的老人，老人身边有一

个火堆，火堆上正冒着缕缕青烟。小宝仔细一看，老人正是青花的舅舅。他不停地喊："舅舅！舅舅……"老人苏醒过来，一看是小宝，急忙对小宝说："快，快，快上山……去找青花。"

小宝顺着舅舅指的方向，拼命朝山顶跑去，他找到了青花的尸体，在她身旁的雪地上，还堆着一堆堆已选好的矿石。小宝见状，哭得死去活来。

掩埋了青花后，小宝含着泪水，搀扶舅舅回到镇上。从此，他潜心研究在瓷上画画。他将青花采挖的矿石研成粉末，配成颜料，在瓷坯上描绘纹饰，再上一层无色透明釉，以高温烧制，白地的瓷器上出现了明艳的蓝色花纹，原来青花找到了含氧化钴（gǔ）的钴土矿，青花瓷从此诞生。

釉里红瓷器的传说

釉里红瓷器，其颜色亮堂润泽，像有红宝石镶嵌在瓷器里一样。这种瓷器是怎样制造出来的呢？传说是这样的：

元代，有个叫赵子聪的制瓷工人，他烧瓷很有一手，加上肯用心思钻研，被窑工称为"赵全能"。那时候瓷

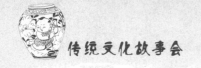
器上的花纹大多是用手工刻上去的，赵全能立志在瓷器上描绘花纹，于是着手研制适合的颜料。开始时，赵全能帮工的那家窑的老板以为他会很快研制成功，这样自己就可以发大财了，所以愿意给他提供帮助。后来，老板见他一次次地失败，便提出，每借窑位烧一次瓷器，要收一贯铜钱。赵全能研制颜料的决心没有动摇，他答应了老板的条件。他不停地做试验，不知不觉间已欠老板三百贯铜钱。这一天，正是大年三十，家家户户都准备着过年，赵全能却蹲在屋里，摆弄他从山里找来的矿石，他的女儿小梅在旁边帮着研磨。父女俩正专心干活，老板和他的管账先生前来要钱，他们打起了小梅的主意，要把小梅卖给一个大户人家当童养媳，换来三百贯铜钱。赵全能苦苦哀求，坚决不同意，管账先生帮腔道："这是老板给你的一条活路，小梅跟着你挨饿受冻的，卖了小梅，你还清了债，小梅也不用过苦日子。再说，等你有了钱，还可以将小梅赎回来嘛。"在老板的威逼利诱

下，赵全能把心一横同意了。他抱着小梅，哽咽着说：
"小梅，我苦命的孩子呀！爹爹实在没法子，你不去，咱
们都活不成了，你去了，等爹爹试成了颜料，再把你赎回
来。"小梅用手擦着眼泪，从口袋里掏出两枚铜钱，往赵
全能手里一放，说："爹爹，这是我攒下的，留着你做事
用吧！"这一夜，赵全能手里捏着这两枚铜钱，呆呆地坐
到天亮。

　　过了年，赵全能又在窑里忙碌着，老板说这是最后
一次让他在这里做试验了。他在放瓷坯时，口袋里的那两
枚铜钱正巧落在瓷坯上。他本想将铜钱拾起来，但又怕碰
坏了瓷坯，误了试验。烧窑时，赵全能在窑边守了三天三
夜。第四天一开窑，前几件瓷器上一点儿颜色都没有，赵全
能叹了口气，以为试验又失败了，突然，他发现一个瓷碗
上有两个红红的铜钱的印子。赵全能心里有了谱。他找到老
板，请求再借一次窑位做试验，老板不答应。赵全能说：
"再让我试烧一次，若不成功，我终身给您做工，不要工
钱。"老板贪婪地望着赵全能说："好吧，再给你一次机
会，不成功，你就得不要工钱给我做一辈子的工啊！""要
是成功了呢？"赵全能问。"我就给你三百贯铜钱，让你将
女儿赎回来。"在老板的心里，赵全能是不可能成功的。

　　赵全能回家把铜锁磨成了粉末，细心调制了颜料，在瓷坯上画上花纹，这次试烧成功了！那透明的釉下，红光闪闪的花纹，是那样绚丽迷人！而小梅终于回到了赵全能的身边，父女得以团聚。

哥窑的传说

　　相传，南宋时期，龙泉县有一位很出名的制瓷艺人，姓章，名村根。他有两个儿子，哥哥名生一，弟弟名生二。章村根以擅长制青瓷而远近闻名，章生一、章生二兄弟俩自小跟父亲学艺。章生一厚道、肯学、能吃苦，深得其父真传；章生二亦有绝技在身。章村根去世后，兄弟俩分家，各自开窑。章生一所开的窑即为哥窑，章生二所开的窑即为弟窑。兄弟俩都烧制青瓷，各有成就。但章生一技高一筹，被皇帝指定为其烧制青瓷。

　　章生二心生妒意，趁章生一不注意，把黏土扔进章生一的釉缸中。章生一用掺了黏土的釉施在坯上，烧成后一开窑，他惊呆了，满窑

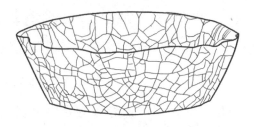

的瓷器表面的釉面全都裂开了，裂纹有大有小，有长有短，有粗有细，有曲有直，且形状各异。他欲哭无泪，痛定思痛之后，重新振作起来，他泡了一壶茶，把浓浓的茶水涂在瓷器上，裂纹马上变成茶色线条，他又把墨汁涂上去，裂纹马上变成黑色线条。这样，他在不经意中发明了釉面有疏密不同的纹片的"百圾碎"。

又于韦处乞大邑瓷碗

[唐] 杜 甫

大邑烧瓷轻且坚，
扣如哀玉锦城传。
君家白碗胜霜雪，
急送茅斋也可怜。

雪碗冰瓯（ōu）：瓯，小盆。形容碗、盆等器皿洁白干净。也比喻诗文清雅。

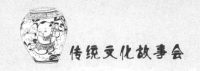

想象力评价

瓷器是中国古代劳动人民在生产生活实践中的伟大发明，瓷器的发展史是中华文明史的一个重要组成部分。瓷器在具有实用价值的同时体现了中华民族对美的追求与塑造，是中华民族对世界文明的伟大贡献。

在你心中，这项发明的想象力可以获得几颗小星星？请为其获得的小星星涂上颜色。

华佗与麻沸散

　　麻沸散，方剂名，古代施行外科手术作为全身麻醉的内服药方。《后汉书·华佗传》中说："若疾发结于内，针药所不能及者，乃令先以酒服麻沸散，既醉无所觉，因刳（kū）破腹背，抽割积聚。"原书未载药物，据《华佗神医秘传》称：本方由羊踯（zhí）躅（zhú）（亦称"闹羊花"，杜鹃花科）、茉莉花根、当归、菖（chāng）蒲组成。

羊踯躅

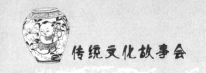

发明故事

东汉末年，战争频繁，很多人受伤或生病。那时没有麻醉剂，病人在接受手术时，要忍受巨大的疼痛。为了保证手术顺利进行，做手术时，华佗总是把病人的手脚捆住。看着病人痛苦的样子，华佗希望能找出减轻疼痛的方法。

传说，有一天，几个人抬着一个摔断了腿的男人来找华佗医治。华佗见此人伤得很严重，便把他的手捆住，准备做手术。令人感到意外的是，华佗给这个男人做手术时，他没有挣扎，任由摆布。手术顺利地做完后，此人还在昏睡，一点儿也看不出有什么痛苦。华佗在他身上闻到一股很浓的酒味，不免沉思起来：应该是酒暂时麻醉了他的神经，因此，他暂时感觉不到疼痛。如果有一种药，让人吃下去也像醉了一样失去知觉，不就可以免除病人在手术过程中遭受的痛苦了吗？

从此，华佗时时留心，开始搜集各种具有麻醉作用的药材。为了保证病人的安全，他亲自试吃各种草药，尝试将它们按照一定的比例配制，形成药方。通过不断进行试验，华佗终于配制出了一种中药麻醉剂——麻沸散。

此后，在给病人做手术前，华佗都会让病人用酒服下麻沸散。这样病人就会失去知觉，感觉不到疼痛，华佗就能在病人毫无知觉的情况下为他做手术，使手术取得更好的效果。

发明家风采

华佗（？—208），东汉末期医学家，又名旉（fū），字元化，沛国谯（qiáo）[今安徽亳（bó）州]人。精通内、外、妇、儿科及针灸，尤其擅长外科。对"肠胃积聚"等病创用麻沸散做全身麻醉后施行腹部手术，反映了中国医学于公元2世纪时在麻醉方法和外科手术方面已有相当成就。他还创编出五禽戏，帮助人们以体育锻炼增强体质。后因不从曹操征召被杀。所著医书已失传，现存《中藏经》，为后人假借其名之作。

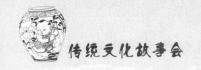

相关古文

虚则补之，实则泻之，寒则温之，热则凉之，不虚不实，以经调之，此乃良医之大法也。

——《中藏经》

相关成语

对症下药：针对具体病情下药。比喻针对具体情况决定解决问题的办法。

想象力评价

内服麻沸散可以使病人暂时失去知觉，以便手术顺利进行。麻沸散是世界上最早的麻醉剂，是外科手术史上一项划时代的发明，为我国医学发展做出了巨大贡献。华佗的大胆想象、细心观察、执着追求造就了他在医学上的巨大成就。

在你心中，这项发明的想象力可以获得几颗小星星？

请为其获得的小星星涂上颜色。

五禽戏简述

　　五禽戏　由汉末医学家华佗首创，以模仿虎、鹿、熊、猿、鸟的动作和姿态进行肢体活动，可增强体质、防治疾病。《后汉书·华佗传》："吾有一术，名五禽之戏……亦以除疾，兼利蹄足，以当导引。体有不快，起作一禽之戏，怡而汗出，因以著粉，身体轻便而欲食。"

诸葛亮与木牛流马

发明介绍

木牛流马，古代一种运输工具，相传由三国时诸葛亮创制。《三国志·蜀志·诸葛亮传》："亮性长于巧思，损益连弩，木牛流马，皆出其意。"《事物纪原·小车》："木牛即今小车之有前辕者；流马即今独推者是，而民间谓之江州车子。"木牛流马确实的形态、结构现在不明。

发明故事

　　据《三国志·蜀志·后主传》、《诸葛亮集》等史料记载，建兴九年（公元231年），诸葛亮再一次出祁山（在今甘肃礼县东）攻打魏。为了方便军队在崎岖不平的山路上运输粮食，诸葛亮创制了木牛。据说，木牛每日行程为"特行者数十里，群行者二十里也"，"载一岁粮，日行二十里，而人不大劳，牛不饮食"。粮食用尽后，蜀汉军队班师回返。

　　建兴十二年（公元234年）春天，诸葛亮带领军队从斜谷出发，用流马运送军粮。与木牛相比，流马更加小巧，更加灵活。蜀汉军队占据武功、五丈原（在今陕西岐山南斜谷口西侧），和魏司马懿（yì）的军队在渭水南边列阵对抗。

　　木牛流马节省了大量的人力，对当时的军粮运输有很大的贡献，使得蜀汉军队能够迅速行军。

　　《三国演义》第一百〇二回"司马懿占北原渭桥，诸葛亮造木牛流马"中，司马懿依样制造了木牛流马，用以搬运粮草，被诸葛亮所劫。

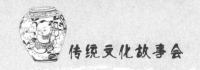

发明家风采

诸葛亮（181—234），三国蜀汉政治家、军事家，字孔明，琅邪阳都（今山东沂南南）人。东汉末年，隐居邓县隆中（今湖北襄阳市襄州区），留心世事，被称为"卧龙"。建安十二年（公元207年），刘备三顾草庐，他向刘备提出占据荆（约当今湖南、湖北等地）、益（约当今四川、重庆等地）两州，谋取西南各族统治者的支持，联合孙权，对抗曹操，统一全国的建议，即所谓的"隆中对"，从此成为刘备的主要谋士。后刘备根据其策略，联孙攻曹，取得赤壁之战的胜利，并占领荆、益两州，建立了蜀汉政权。曹丕代汉的次年，诸葛亮劝刘备称帝，后任丞相。建兴元年（公元223年），刘禅继位，诸葛亮被封为武乡侯，兼任益州牧，政事无论大小，都由他决定。当政期间，励精图治，赏罚严明，推行屯田政策，并改善和西南各族的关系，有利于当地经济、文化的发展。曾五次出兵攻魏，争夺中原。建兴十二年（公元234年），

与魏司马懿在渭水南边对阵，病死于五丈原军中，葬于定军山（今陕西勉县西南）。谥忠武侯。传曾革新连弩，能同时发射十箭，又制造木牛流马，利于山地运输。著作有《诸葛亮集》。

相关古文

亲贤臣，远小人，此先汉所以兴隆也；亲小人，远贤臣，此后汉所以倾颓也。

——［三国·蜀汉］诸葛亮《出师表》

相关成语

鞠躬尽瘁：诸葛亮《后出师表》："鞠躬尽力，死而后已"（"力"选本多作"瘁"）。指小心谨慎，贡献出全部精力。

俭以养德：诸葛亮《诫子书》："夫君子之行，静以修身，俭以养德。"节俭有助于养成质朴勤劳的美德。

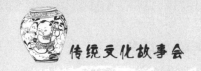

想象力评价

木牛流马的发明使蜀汉军队运输军粮变得方便、快捷而省力。之后，运物载人的工具——车，不断创新发展，方便了人类的生产生活。

在你心中，这项发明的想象力可以获得几颗小星星？请为其获得的小星星涂上颜色。

诸葛亮与孔明灯

发明介绍

　　孔明灯，又叫"天灯"，俗称"许愿灯"，是一种古老的中国手工艺品。孔明灯最初用于军事，后来人们放孔明灯多为祈福，一般在元宵节、中秋节等节日施放。

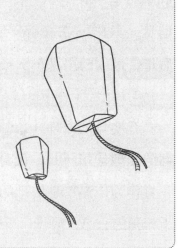

发明故事

　　孔明灯，相传是由诸葛亮发明的。当年，诸葛亮带领的蜀汉军队被司马懿带领的魏军围困于阳平（治今河北馆陶），无法派兵出城求救，大家束手无策之际，诸葛亮想出了一条妙计。他派人用竹篾（miè）扎成框架，糊上白纸，制成许多大型纸灯，在纸灯的底架上放置松脂，之后算准风向，点燃，燃烧使纸灯里的空气变热，纸灯膨胀起来，纸灯里的热空气比周围同体积的冷空气轻，这样纸灯就飞上了天空，并随着风向飘浮。纸灯上带有求救的信息，松脂燃完之后，纸灯降落，信息终于传递出去。后来，被困的蜀汉军队得以顺利脱险，后世称这种纸灯为"孔明灯"。

　　孔明灯的原理与1783年法国蒙哥尔费兄弟发明的热气球的原理是相同的。孔明灯发明之后，在很长一段时间里一直作为传递军事信息的工具。现代人在孔明灯上亲手写下祝福的心愿并放飞，祈求平安、幸福。

相关诗词

蜀 相

［唐］杜 甫

丞相祠堂何处寻，

锦官城外柏森森。

映阶碧草自春色，

隔叶黄鹂空好音。

三顾频烦天下计，

两朝开济老臣心。

出师未捷身先死，

长使英雄泪满襟。

相关成语

张灯结彩：张挂彩灯、彩带等，形容场面喜庆、热闹。

万家灯火：形容城镇夜晚灯火通明的景象。

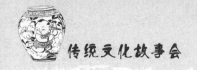

想象力评价

孔明灯可以认为是热气球的始祖。孔明灯涉及热胀冷缩原理及密度和浮力的相关知识，体现了古代中国人的聪明才智。

在你心中，这项发明的想象力可以获得几颗小星星？请为其获得的小星星涂上颜色。

马钧与指南车

发明介绍

指南车，我国古代用来指示方向的车。在车上装着一个木头人，车子里面有很多齿轮，无论车子转向哪个方向，木头人的手总是指着南方。

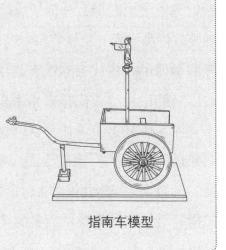

指南车模型

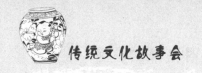

发明故事

传说，黄帝和东方九黎族的首领蚩（chī）尤作战，蚩尤施法术造出漫天大雾，黄帝尽管武艺高强，但由于迷失方向，还是战败了。战后，黄帝总结失败的教训，精心研制了指南车，可以在浓雾中辨别方向。在后来于涿（zhuō）鹿（今河北涿鹿东南）的交战中，打败并杀死了蚩尤。

根据史书记载，东汉时期，伟大的科学家张衡制造了指南车。可惜，其方法失传了。

到了三国时期，马钧任魏给（jǐ）事中。有一次，他和散骑常侍高堂隆、骁骑将军秦朗讨论关于指南车的事。高堂隆和秦朗说，古代根本没有指南车，记载上的说法是虚假的。马钧说："古代是有指南车的。只是人们没有认真思考、深入研究罢了，如果认真思考、深入研究，哪儿是什么遥远的事呢？"高、秦二人嘲笑他说："你名钧，字德衡。'钧'是器物的模（古时制陶器所用的转轮叫陶钧），'衡'是量物体轻重的，你这个'衡'轻重不准，还想成'模'吗？！"马钧说："空口争论，不如一试，即见分晓。"高、秦二人把这件事报告给魏明帝曹叡（ruì），魏明帝要马钧制造指南车。马钧经过刻苦钻研、反复试验，把指

南车制造出来了。从此之后，"天下服其巧矣"。

发明家风采

马钧，三国时期机械制造家，字德衡，魏扶风（今陕西兴平东南）人，曾任博士、给事中。当时丝绦机构造繁复，效率低，五十综①（zèng）者五十蹑②（niè），六十综者六十蹑，他都改为十二蹑，生产效率提高四五倍。又改进灌溉用的提水机具，能连续提水，效率很高，对当时社会生产力的发展起了一定作用。对于诸葛亮所造连弩，他认为尚可改进，并提高效率五倍。曾试制轮转式发石机，作为攻城器具，能连续发射砖石，远至数百步。又曾制造指南车和"水转百戏"。因在传动机械方面造诣很深，当时人称"天下之名巧"。

相关诗词

车中幸有司南柄，试与迷途指大方。

——［南宋］曾丰《呈罗春信》

---

① 综，指织布机上使经线交错着上下分开以便梭子通过的装置。
② 蹑，指踏具。

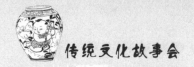

相关成语

无名之璞：西晋傅玄《赠扶风马钧序》："又马氏巧名已定，犹忽而不察，况幽深之才，无名之璞乎！"璞，未经雕琢的玉。道家指质朴自然、玄默[1]无为；也比喻不为人知的有识之士。

想象力评价

马钧在前人方法已失传的情况下制造了指南车，他敢想、敢做、刻苦钻研的品格值得我们学习。

在你心中，这项发明的想象力可以获得几颗小星星？请为其获得的小星星涂上颜色。

---

① 玄默，指清静。

马钧与"水转百戏"

发明介绍

百戏是古代乐舞杂技表演的总称。"水转百戏",三国时期机械制造家马钧利用齿轮传动原理创制的一种水动力乐舞杂技表演木偶模型。

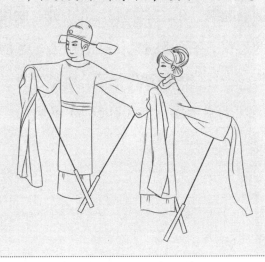

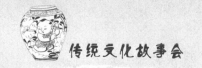

发明故事

一次，有人给魏明帝曹叡进献了一套乐舞杂技表演的木偶模型。这套木偶模型很精致，但不能活动，只能作为摆设。魏明帝对马钧说："你能让它们动起来吗？"马钧说："我可以让它们动起来。"魏明帝又说："你可以做得更精巧些吗？"马钧说："我可以做得更精巧些。"就这样马钧接受魏明帝的命令开始制作新的木偶模型。

经过细心研究，马钧有了明确的方案。他重新雕刻了木偶，用大木头做成轮子的形状，把它放在地上，设置好齿轮传动系统，用水力推动。只要一打开机关，舞女木偶们就会翩翩起舞，乐工木偶们就会击鼓、吹箫，杂技木偶们有的叠罗汉，有的跳丸①，有的掷剑，有的走绳索，有的翻跟头……这些木偶动作灵活，惟妙惟肖。这套木偶模型还能展现坐堂审案、舂（chōng）米磨面、斗鸡等场面，非常奇妙。

---

① 跳丸，古代百戏节目。表演者两手快速地连续抛接若干弹丸。

相关诗词

傀儡吟

［唐］李隆基

刻木牵丝作老翁，

鸡皮鹤发与真同。

须臾弄罢寂无事，

还似人生一梦中。

相关成语

惟妙惟肖：形容描写或模仿得非常好，非常逼真。

木人石心：形容人意志坚定，不为外物所动。也比喻人没有感情。

想象力评价

在中国古代木偶艺术中，"水转百戏"应该说是非常卓越的创造。其设计非常复杂和精巧，充分展示了马钧在

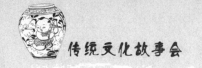
机械传动设计与制造方面的才能。

在你心中，这项发明的想象力可以获得几颗小星星？请为其获得的小星星涂上颜色。

祖冲之与圆周率

概念介绍

圆周率，中国古代称"圆率"、"周率"或"圆的周径相与之率"，为圆周的长同圆直径的比值。圆周率是一个常数，用希腊字母π表示：π＝3.14159265358979323846…。其值是一个无理数，又是超越数（不满足任何整系数代数方程的数）。

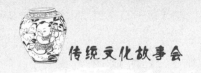

在中国古代，人们从实践中认识到"圆径一而周三有余"，也就是说圆的周长是直径的三倍多。在祖冲之之前，经过历代数学家的相继探索，推算出的圆周率数值日益靠近真实数值，但并未达到精确的程度。

传说，有一天，祖冲之翻阅魏晋数学家刘徽给《九章算术》做的注解，他被刘徽的割圆术所吸引，不禁拍案叫绝，连连称赞。刘徽指出，从圆内接正六边形开始割圆，"割之又割，以至于不可割，则与圆周合体而无所失矣"，即用无穷小分割方法和极限思想证明圆面积公式并求圆周率近似值。刘徽的研究到圆内接正3072边形，得到圆周率的近似值3927/1250。

祖冲之决心利用割圆术进一步探求更精确的数值。他在书房的地面上画了一个直径1丈（10/3米）的大圆，从圆的内接正六边形一直作到圆的内接正12288边形。凭借踏踏实实、一丝不苟的严谨态度，经过艰苦的计算，祖冲之推算出圆周率的值相当于在3.1415926与3.1415927之间，并提出其密率为355/113，均领先世界约千年。

祖冲之在圆周率方面的研究，有着积极的现实意义，他的研究适应了当时生产实践的需要。他亲自研究度量

衡，并用最新的圆周率成果修正古代的量器容积的计算。

祖冲之（429—500），南北朝宋、齐科学家，字文远，祖籍范阳遒（今河北涞水），父、祖均在南朝做官。青年时在华林学省（学术机关）任职，后任南徐州（今江苏镇江）从事史、娄县（今江苏昆山东北）令。入齐后，官至长水校尉。注《九章算术》，撰《缀术》，均失传。他善于计算，推算出圆周率的值在3.1415926与3.1415927之间，领先世界约千年。制定《大明历》，首先引入"岁差"的概念，其日月运行周期的数据比以前的历法更为准确。撰《驳议》，不畏权贵，坚持科学真理，反对"虚推古人"。曾改造指南车、水碓磨、千里船、木牛流马等。注《周易》、《老子》、《庄子》，释《论语》，也失传了。又撰《述异记》，今有辑录①的版本。

---

① 辑录，即把有关的资料或著作收集起来编成书。

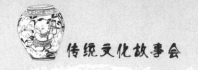

夫为合必有不合，愿闻显据，以核理实。

——［南北朝］祖冲之《辩戴法兴难新历》

径一周三：径，圆的直径。周，圆的周长。即圆的直径与圆的周长比为1∶3。比喻两者相差很远。

中国古代许多数学家都致力于圆周率的计算。祖冲之经过刻苦钻研，继承和发展了前辈数学家的优秀成果，首次将圆周率精算到小数点后第七位，是对我国乃至世界的一个突出贡献。做出这样精密的计算，要进行细致而艰巨的脑力劳动，祖冲之为此付出了艰苦卓绝的努力。

在你心中，这项发现的想象力可以获得几颗小星星？请为其获得的小星星涂上颜色。

火药

发明介绍

火药，可由火花、火焰或点火器材引燃，能在没有外界助燃剂的参加下进行迅速而有规律的燃烧并放出大量气体和热的药剂，是炸药的一类。最早应用

宋代火器模型

的黑色火药，俗称"火药"，是中国古代四大发明之一。

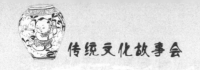

发明故事

　　火药是由炼丹的人发明的。炼丹指将朱砂等药物放于炉火中烧炼，以制"长生不死"丹药（即"金丹"）。炼丹在公元前2世纪就产生了，战国时期就有方士求"不死之药"的记载。在烧炼丹药的浓烟烈火中，古代化学逐渐取得了一些成就，这其中最重要的有火药的发明。

　　《太平广记》中有这样一个故事，说隋朝初年，有一个叫杜子春的人去拜访一个炼丹的老人，他当晚就住在老人的家里。半夜，没有熄火的炼丹炉忽然冒烟，火焰转眼就蹿上屋顶，整个屋子都燃烧起来。杜子春从睡梦中惊醒，连忙往外跑。他虽然逃了出去，却也吓得不轻。原来炼丹的老人配了易燃的药物，引起了火灾。

　　炼丹过程中起火，启迪人们认识并发明了火药，据传，火药当时的意思是着火的药。唐代的一些书中记载了硫黄、硝石、木炭混合后加热起火的知识。

　　宋代，火药开始运用到军事领域。曾公亮在其主编的《武经总要》中详细记载了火药的三个配方。当时，人们主要利用火药的特性，制成爆炸性武器，或者用来制成管形火器。宋金战争中宋军使用了火器，而后金人从宋人

那里学会了制造、使用火器。蒙古人在灭金、灭宋的战争中，也大量使用了火器。元朝还用金属做筒，取代竹筒，发明了火铳，其威力更大。

中国的火药在13世纪传入阿拉伯地区，14世纪初又经阿拉伯人传到了欧洲。中国发明的火药和火器传入欧洲后，对欧洲的火器制造和作战方式产生巨大影响，推动了欧洲社会的变革。

世界上许多国家都有在节日期间燃放烟火的习俗。火药的广泛应用也促进了矿产的大规模开采。

相关记载

火药发作，声如雷震，热力达半亩之上，人与牛皮皆碎进无迹，甲铁皆透。

——［元］脱脱等《金史》

相关成语

炮火连天：形容炮火非常猛烈。

火树银花：形容灿烂的灯火或烟火。

想象力评价

　　火药是中国古代四大发明之一。炼丹者在炼丹过程中吸取实践经验，逐步积累了关于相关物质变化的知识，发明了火药。后来火药主要用于军事领域，导致了热兵器时代的到来，改变了人类的战争史。火药也在增添喜庆气氛、促进矿产开采方面发挥了作用。

　　在你心中，这项发明的想象力可以获得几颗小星星？请为其获得的小星星涂上颜色。

王惟一与铜人经穴模型

发明介绍

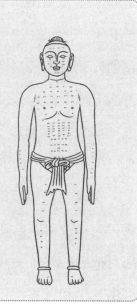

　　铜人经穴模型，最早为北宋王惟一于天圣五年（公元1027年）创铸，列示经络、腧（shù）穴（人体上的穴位的统称）位置。

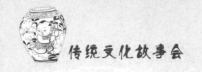

宋代时，针灸学盛行，医学教育也得到很大的发展。但很多针灸学的书籍存在着图谱粗糙难辨，文字叙述比较含混，以及众说纷纭、莫衷一是的状况，用以指导临床，往往出现不应有的差错和事故。而医学教育的发展也要求针灸学教学能更加直观些，以便学生记忆和临床使用。根据这些情况，王惟一产生了总结前人针灸医疗经验、考定经络穴位的念头，并多次上书皇帝。他受朝廷之命，在天圣四年（公元1026年）撰成《铜人腧穴针灸图经》，在天圣五年（公元1027年）主持设计铸成铜人经穴模型两座。在创铸铜人经穴模型的过程中，他亲自设计，参与制模、铸造等的全部过程。仁宗对铜人经穴模型赞不绝口，下令把一座放在医官院，让医官们学习参考，另一座存放起来。现两座模型均下落不明。

铜人经穴模型以精铜制造，工艺精巧，由前后两件构成，大小及形态与正常成年男子相似，内部脏腑齐全，外部有精确的穴位，穴名刻于穴旁。穴孔与身体内部相通，可供教学和考核用。根据文献记载，考核学生时，铜人经

穴模型体表涂黄蜡，使穴名被覆盖，穴孔也被堵住，再向体腔内注入水银。当老师让针刺某穴或问某病症该如何下针时，学生便试针。若取穴正确，则针从穴孔刺入体腔内，拔针后水银便会流出；若取穴错误，则针刺不进去。

铜人经穴模型，把经穴直观地描绘出来，对明确经穴位置和促进针灸学教学发展起到了极大的作用。

发明家风采

王惟一，宋代针灸学家。为仁宗、英宗时医官。受朝廷之命总结前人针灸医疗经验，考定经络穴位，于天圣四年（公元1026年）撰成《铜人腧穴针灸图经》。第二年主持设计铸成铜人经穴模型两座。后又参与校正《黄帝八十一难经》。

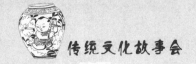

相关诗词

针 医

［北宋］释普济

药知性亦病知源，

谁管尸灵骨已寒？

痛下一针双眼活，

耆（qí）婆①应未得其传。

相关成语

法灸神针：神奇的针灸技术。

脉络贯通：脉络，中医指全身的血管和经络，比喻条理或头绪。指文章条理清楚，首尾连贯。

想象力评价

铜人经穴模型是最早的医学模型，是实物形象教学法

---

① 耆婆，传说中的名医。

的重大发明，有利于经穴理论规范化，使经穴教学形象、直观，可操作性强，对针灸学的发展有着深远的影响，对古代医学做出了不可磨灭的贡献。

　　在你心中，这项发明的想象力可以获得几颗小星星？请为其获得的小星星涂上颜色。

毕昇与活字印刷术

印刷术，是按文字或图画原稿制成印刷品的技术。活字印刷术是由北宋时的匠人毕昇发明的。庆历年间（公元1041年—1048年），他用胶泥刻字，然后用火烧制，使字模变硬。制版时，在一块四周有框的铁板上撒上松脂、石蜡和纸灰等，将烧制好的字模在铁板上排成版，用火将铁板上的松脂等熔化，将字版压平，这样就可以印书了。印完之后，再将松脂等熔化，把字模上的泥字拆开，又可以再次排版。元代曾创木活字，明弘治时又创铜活字，这些都是铅字印刷术的前导。

发明故事

在毕昇发明活字印刷术以前，印书作坊里采取的大多是刻版印刷术，即刻字工人在一块木板上刻好字后再印刷。如果刻字时有的字出现了错误，那么辛辛苦苦雕刻的木板就没有用了。这既要花费大量的人力，也造成了资源浪费。

庆历年间，一个印书作坊里有一个叫毕昇的刻字工人，他的手上已磨出了厚厚的茧子。在木板上刻字的时候，他总是叹气："唉，要是这些字可以重复利用该有多好啊！"其他人听了纷纷嘲笑他："哪儿有这样的好事？好好干活吧，别异想天开了。"

毕昇不甘心，他想起了小时候在泥上写字的情景，泥干了，字迹就清晰了，但时间一长，泥就会出现裂痕，字迹会逐渐模糊。要怎么办才好呢？毕昇成天思索这个问题。

一天，毕昇看到妻子正在用陶罐浇水，他灵机一动："陶罐不就是由泥土烧制而成的吗？"于是，他便向陶瓷工人学习相关技术。学会了之后，他将字刻在胶泥上，经过烧制，字迹很清晰。但这些字还是连在一起的，一样不能反复利用。于是，他做出单个字的字模，烧制好之后按

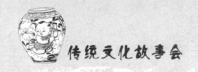
顺序进行排列，但这些字模是活动的，很容易移动，不方便印刷。于是，他又苦苦思索并向人请教。后来，他终于找到了解决办法。他在一块四周有框的铁板上撒上松脂、石蜡和纸灰等，将烧制好的字模在铁板上排成版，用火将铁板上的松脂等熔化，将字版压平，这样那些字模就牢牢地按顺序靠在了一起，字块之间也没有缝隙，可以印书了。印完之后，再将松脂等熔化，字模就可以分离、反复利用了。

这就是毕昇发明的活字印刷术，它大大减少了刻字工人的劳动量，也节省了资源。

发明家风采

毕昇（？—约1051），北宋发明家，庆历年间首创活字印刷术，这在《梦溪笔谈》中有记载。其方法为用胶泥刻字，火烧使之坚硬，再排版印刷。他还研究过木活字排版。

相关记载

庆历中，有布衣毕昇，又为活版。……若止印三二本，未为简易；若印数十百千本，则极为神速。

——［北宋］沈括《梦溪笔谈》

相关成语

灾梨祸枣：旧时印书，梨木、枣木多用作雕刻字版的木料。梨木遭灾，枣木受祸。形容滥制无用的、不好的书籍。

想象力评价

活字印刷术是中国古代四大发明之一，对人类文化的传播产生了重大的影响。这一发明早于德国人谷登堡使用金属活字排版四百年。活字印刷术发明后，很多书籍被大量印制，促进了人类文明的发展。

在你心中，这项发明的想象力可以获得几颗小星星？请为其获得的小星星涂上颜色。

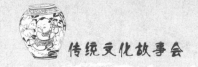
沈括与石油

石油，具有不同结构的碳氢化合物的混合物，液体，可以燃烧，一般呈褐色、暗绿色或黑色，聚集在岩石的空隙中。从石油中可以提取汽油、煤油、柴油、润滑油、石蜡、沥青等。

部分石油炼制的产品及其用途

发现故事

  东汉史学家班固所著的《汉书》中已有记载石油这一物质的文字。历史上，石油曾被称为"石漆"、"膏油"、"石脂"、"水肥"、"脂水"、"可燃水"等。直到北宋时期，沈括在世界上第一次提出了"石油"这一名称。

  沈括在其以平生见闻撰写的《梦溪笔谈》中记载，过去说"高奴县（治今陕西省延安市东北延河北岸）出脂水"，"脂水"指的就是石油这种东西。当地人常把石油储存在瓦罐里，用它烧火做饭、点灯和取暖。石油很像纯漆，燃起来冒着很浓的烟，能把帷帐都熏黑。沈括猜测这种烟可以利用，就试着收集烟中黑黑的物质来做成墨。这种墨的光泽像黑漆，就是松墨也比不上它。于是沈括就大量制造这种墨，并叫它"延川石液"。北宋文学家苏轼用过"延川石液"后评价它"在松烟之上"。

发现者风采

  沈括（1031—1095），北宋科学家、政治家，字存

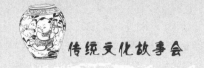

中，杭州钱塘（今浙江杭州）人，嘉祐进士，曾参与王安石变法。熙宁五年（公元1072年）提举为司天监，推荐卫朴修《奉元历》。第二年赴两浙考察水利、差役。熙宁八年（公元1075年）使辽，斥其争地要求，又用图记

录其山川形势、人情风俗，做成《使契丹图抄》奏上。第二年任翰林学士，代三司使，整顿陕西盐政，主张减少下户役钱。后知延州，加强对西夏的防御。元丰五年（公元1082年）因为永乐城（今陕西米脂西北）的失陷，连累坐贬。晚年居润州，筑梦溪园（在今江苏镇江东），以平生见闻撰《梦溪笔谈》。他博学多闻，对天文、地理、典制、律历、音乐、医药等都有研究。对当时科学发展和生产技术的情况，如水工高超、木工喻皓、发明活字印刷术的毕昇，以及炼钢、炼铜的方法等，只要见到的，都详细记录。又细心研究药用植物与医学，著《良方》十卷（传本附入苏轼所作医药杂说，改称《苏沈良方》）。著述近四十种，传世的有《长兴集》。出使辽国时所撰《乙卯入国奏请》、《入国别录》，在《续资治通鉴长编》中还保存了一部分。

相关诗词

延 州

［北宋］沈 括

二郎山下雪纷纷，

旋卓穹庐学塞人。

化尽素衣冬不老，

石油多似洛阳尘。

相关成语

不可言喻：《梦溪笔谈·象数一》："其术可以心得，不可以言喻。"喻，明白，使明白。不能用言辞来表达明白。

火上浇油：比喻使人更加愤怒或使事态更加严重。也说火上加油。

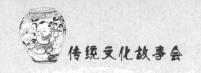

石油不是沈括最先发现和利用的，但他通过观察和研究提出了科学的命名，做了详细的记录，发现了石油新的用途，并加以利用。

在你心中，这项发现的想象力可以获得几颗小星星？请为其获得的小星星涂上颜色。

苏颂与水运仪象台

发明介绍

　　水运仪象台，是中国古代一种大型天文仪器，由宋代苏颂组织韩公廉等人制造，在苏颂所著的《新仪象法要》中有详细描述。台高约12米（35.65尺），宽7米（21尺）。分三层：上层置浑仪，用来观测日月星辰的位置；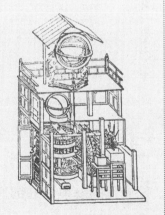中层置浑象，有机械使浑象旋转周期与天球周日运动（实际是地球由西向东绕轴自转的反映）一样；下层设木阁。木阁又分五层，每层有门，每到一定时刻门中有木人出来报时。木阁后面放有漏壶和机械系统，漏壶引水升降，转动机轮，使整个仪器运转。

发明故事

北宋元祐元年（公元1086年），时任吏部尚书的苏颂想到可以把表示天象运转的仪器浑象和测量天体位置的仪器浑仪配合起来使用，于是他搜罗人才进行这项研究工作，并向皇帝推荐精通数学和天文学的韩公廉共同研制。元祐三年（公元1088年），他们经过细心研究和设计后，请了一批能工巧匠开始精心打造。元祐七年（公元1092年），水运仪象台竣工。水运仪象台是大型综合性天文仪器，吸收了以前各种天文仪器的优点，分为三层，具备浑仪、浑象和计时报时装置的功能，运用机械传动装置，由水力推动运转。

大约在公元1094年，苏颂编撰了《新仪象法要》一书，详细介绍了水运仪象台的设计和建造情况，并对水运仪象台的总体和各部件绘图加以说明。

北宋灭亡时，水运仪象台被毁。南宋时期，曾多次试图重建，均以失败告终。现今复原出的水运仪象台也未能重现它的所有功能。

发明家风采

苏颂（1020—1101），北宋天文学家、药物学家，字子容，泉州（今属福建）人，官至刑部尚书、吏部尚书，晚年入阁拜相。元祐三年（公元1088年）组织韩公廉等人制造

水运仪象台，元祐七年（公元1092年）竣工，并著《新仪象法要》予以介绍。还制造一具浑天仪，直径约2米。组织增补《开宝本草》，完成后称为《嘉祐补注神农本草》；又著《图经本草》，对药物学考订有很大帮助。

相关诗词

和土河馆遇小雪

［北宋］苏 颂

薄雪悠扬朔气清，

冲风吹拂氅（cuì）裘轻。

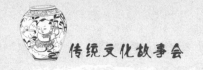

人看满路琼瑶迹，

尽道光华使者行。

铜壶滴漏：铜壶，古代铜制壶形的计时器。将水注入铜壶，滴漏以计时刻。

水运仪象台是中国古代天文学家发明的一种大型综合性天文仪器，它是集天文观测、天象表演和计时报时三种功能于一体的综合性观测仪器，实际上是一座小型的天文台。这台仪器的制造水平堪称一流，充分体现了古代中国人的聪明才智和富于创造的精神。

在你心中，这项发明的想象力可以获得几颗小星星？请为其获得的小星星涂上颜色。

古代测时仪器简述

圭表　亦称"土圭"，古代测量日影长度以定方向、节气和时刻的天文仪器。包括两部分：表，直立的标杆；圭，平卧的尺。表放在圭的南、北端，并与圭相垂直。甲骨文有"日至"、《左传》有"日南至"的记载，最晚在春秋时已使用圭表测量连续两次日影最长或最短之间所经历的时间，以定回归年长度，成为编历的重要手段。现陈列在南京紫金山天文台的圭表，是明正统年间（公元1436年—1449年）所造。

漏壶　亦称"漏刻"、"刻漏"、"壶漏"，古代一种计量时间的器具。分两种：（1）单壶，只有一个储水壶，水压变化大，计时精度低（约一刻）。中国发现的有陕西兴平漏壶、河北满城漏壶和内蒙古伊克昭盟（今鄂尔多斯市）漏壶，均为西汉初期（约公元前100年）的计时工具。（2）复壶，为两个以上的储水壶。著名的为元延祐年间（公元1314年—1320年）漏壶，由四个铜壶自上而下互相叠置而成。上面三个壶底部有小孔，最下一个壶内装一直立浮标，上刻时辰，浮标随水的注入而上升，由此可知时辰。中国早在周代已使用漏壶测定时刻。清以后钟表和日晷（guǐ）等逐渐普及，漏壶才废弃不用。

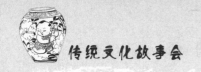
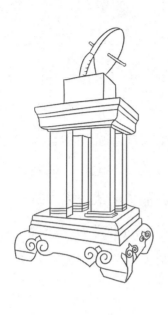

日晷 亦称"日规"，古代一种测时仪器，由晷盘和晷针组成。晷盘是一个有刻度的盘，中央装一根与盘面垂直的晷针。中国的日晷独具特色，晷盘为平行于赤道面、倾斜安放的圆盘；晷针为指向南、北极方向的金属针。针影随太阳运转而移动，刻度盘上的不同位置表示不同的时刻。

黄道婆与三锭脚踏纺车

发明介绍

纺车，手摇或脚踏的有轮子的纺纱或纺线工具。传说，黄道婆把一次只能纺一根纱的手摇纺车改为能同时纺三根纱的脚踏纺车。这种技术在当时是极为先进的。

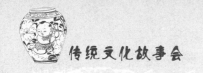

发明故事

在上海一带，曾经流传着一首民谣："黄婆婆，黄婆婆，教我纱，教我布，两只筒子两匹布。"这首民谣所唱的"黄婆婆"便是中国历史上著名的"棉神"黄道婆。

据说，黄道婆从小做童养媳，受到公婆和丈夫的百般虐待。后来，她设法逃出家门，躲到一条海船上，随船漂泊，到了海南岛南端的崖州（今海南三亚西北崖城）。

当时，崖州盛产木棉，当地的植棉方法和纺织技术都比较先进，黄道婆便认真向当地人学习。到老年的时候，思念家乡的黄道婆毅然搭上顺道的海船，回到了家乡。

在家乡，黄道婆无私地向父老乡亲们传授崖州的植棉技术，使当地的棉花产量逐渐提高。她耐心地教人们用新式的工具纺纱织布。后来，为了进一步提高工作效率，她又潜心研究并创造出更先进的纺织工具，设计出一套轧籽、弹花、纺纱、织布的操作方法。

在纺纱工艺上，当时松江一带使用的都是旧式单锭手摇纺车，功效很低，要三四个人纺纱才能供上一架织布机的需要。针对这种纺车比较落后、费时又费力的情况，黄道婆进行了长时间的研究，她跟木工师傅一起，经过反复

试验，改制出三锭脚踏纺车，使纺纱效率一下子提高了两三倍，而且操作也很省力。这种新式纺车很容易被大家接受，在松江一带很快地推广开来。

发明家风采

黄道婆（约1245—？），亦称"黄婆"，元代纺织技术革新家，松江乌泥泾（jīng）（今上海徐汇区东湾村）人。少年时流落崖州，从黎族人民那里学得纺织技术。13世纪末返回故乡，改革轧花车、弹棉

椎弓、纺车等纺织工具以及织造、配花、织花等技术，促使松江一带棉纺织业繁荣发展，对当时植棉和纺织业起了推动作用。上海徐汇区东湾村建有黄道婆墓。

相关诗词

唧唧复唧唧，木兰当户织。不闻机杼（zhù）声，惟闻女叹息。

——北朝民歌《木兰诗》，选自北宋郭茂倩编《乐府诗集》

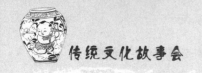

相关成语

断织之诚：孟子的母亲用割断织布机上的纱，使机上的纱不能成布的损失来告诫欲中途放弃学业的儿子。后用这个故事告诫欲中途辍学的人。

丝丝入扣：织绸、布等时，经线都要从扣（筘）齿间穿过，形容每一步都做得十分细腻准确（多指文章、艺术表演等）。

想象力评价

面对落后的工具和技术，黄道婆勇于进行研究和试验，勇于创新，创造出省时省力的先进工具和技术。

在你心中，这项发明的想象力可以获得几颗小星星？请为其获得的小星星涂上颜色。

郭守敬与简仪

发明介绍

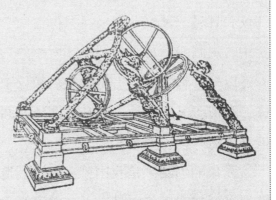

简仪，中国古代一种测量天体坐标的仪器，由元代郭守敬（一说王恂和郭守敬）创制。由赤道经纬仪、地平经纬仪（元史称"立运仪"）和日晷三种仪器组成。现陈列在紫金山天文台的简仪，为明正统年间所造。

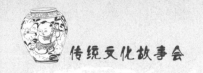

发明故事

　　至元十三年（公元1276年），元世祖忽必烈下令王恂、郭守敬、许衡等编制新历。为了精确测量天文数据，以备制定新历，郭守敬精心创造和改进了一套观测天象的仪器，简仪是其中最重要的一种。简仪与浑仪一样用于天体位置测量。但是，浑仪的结构比较繁复，观测时经常发生遮蔽的现象，使用不方便，且之前使用的宋代浑仪测量有较大的误差。郭守敬仔细考量浑仪的缺点，重新做了设计，进行了革新和简化。简仪由赤道经纬仪、地平经纬仪和日晷三种仪器组成，只保留两个最基本的环，简单实用，观测时不再受仪器上环阴影的影响，而且除北极星附近以外，整个天空一览无余。简仪中使用了四个小圆柱体，类似于滚柱轴承，以减小两环之间的摩擦阻力，使之能够灵活运转。

　　简仪的创制，是我国天文仪器制造史上的一大飞跃，欧洲直到1598年才由丹麦天文学家第谷发明了与之类似的装置。

　　郭守敬创制的简仪，在清康熙五十四年（公元1715年）被传教士纪理安当作废铜熔化了。现陈列在紫金山天文台的简仪，为明正统年间依照元代简仪原样所造。

发明家风采

郭守敬（1231—1316），元代天文学家、水利学家和数学家，字若思，顺德邢台（今属河北）人，曾任都水监、太史令兼提调通惠河漕运事、昭文馆大学士知太史院事等。在天文学方面，与王恂、许衡等编制《授时历》，沿用达360年。创造和改进了简仪、仰仪、高表、候极仪、景符和窥几等观测天象的仪器，以及玲珑仪、灵台水运浑象等12种仪器。在全国北纬15°～65°设立27个观测站进行大地测量，重新观测的二十八宿和一些恒星位置、推算的回归年长度、测定的黄赤交角均达到较高精确度。在数学方面，与王恂创立招差术、弧矢割圆术。在水利工程方面，主持自大都到通州的运河（白浮堰和通惠河）工程，修治许多河渠。著有《推步》、《立成》、《历议拟稿》、《仪象法式》等。

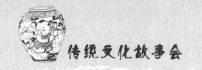

相关记载

公以纯德实学为世师法，然其不可及者有三：一曰水利之学；二曰历数之学；三曰仪象制度之学。

——［元］齐履谦《知太史院事郭公行状》

相关成语

斗转星移：北斗转向，众星移位。表示时序变迁，岁月流逝。也说星移斗转。

想象力评价

郭守敬针对浑仪在使用过程中的不便和问题，进行研究和革新简化，创制了简仪，力求测量精准简便，以在准确的数据基础上编制新历。简仪是13世纪世界上最为先进的天文观测仪器之一。

在你心中，这项发明的想象力可以获得几颗小星星？请为其获得的小星星涂上颜色。

侯德榜与联合制碱法

发明介绍

　　联合制碱法，亦称"侯氏制碱法"，是中国工业化学家侯德榜所创造的制碱法，是将合成氨工艺与氨碱法工艺联合，同时制造纯碱（即碳酸钠，也称苏打，白色粉末，是一种无机化合物，溶于水，水溶液呈碱性，用于肥皂、玻璃、造纸、冶金等工业）和氯化铵的方法。以食盐、氨和二氧化碳（合成氨工业的副产品）为原料，将氨与二氧化碳先后通入饱和食盐水中，生成碳酸氢钠沉淀，经过滤、洗涤、煅烧而得产品纯碱。在滤液中，通入氨，冷冻和加食盐，使氯化铵析出，经过滤、洗涤、干燥而得氯化铵。此时由食盐所饱和的滤液，可再通入氨和二氧化碳，循环使用。与氨碱法相比，联合制碱法的优点是能充分利用食盐中的钠和氯，避免产生大量含氯化钙的废液，并可减少石灰窑、蒸氨塔等设备。

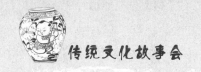

1900年，英国卜（bǔ）内门公司在上海成立了卜内门洋碱有限公司，经营化学品进口和土产出口业务，之后长期垄断当时中国的碱类市场。第一次世界大战爆发后，纯碱进口更加困难，价格更高。在这种情况下，1917年，范旭东在塘沽（今属天津）成立了永利碱厂，他请来在美国留学的侯德榜作为总工程师。他们打算用比利时化学工程师苏尔维提出的纯碱制造法——氨碱法（也称"苏尔维制碱法"）生产纯碱，而这个方法的工艺是严格保密的。

初期，他们遇到各种技术难题，制出的纯碱质量很差，常常发红，销售困难。侯德榜全身心投入制碱技术和设备的改进上，他带领技术人员和工人废寝忘食，攻下一道道技术难关，终于破解了氨碱法的秘密，生产出洁白的纯碱，定名为"红三角"牌纯碱。1926年8月，中国生产的"红三角"牌纯碱在美国费城举办的万国博览会上获得金质奖。"红三角"牌纯碱打破了外国公司对中国国内和东南亚市场的垄断。1936年，该厂产纯碱约6万吨。

抗日战争时期，塘沽工厂被日军霸占，范旭东、侯德榜等人拒绝与侵略者合作，在四川建厂。食盐是制纯碱的主要原料，四川地区的井盐需要经过浓缩才能成为原料，

成本较高，氨碱法中食盐的利用率不高，存在浪费原料的现象，且生产过程中产生大量含氯化钙的废液，侯德榜决定弃用氨碱法，而另辟蹊径。

侯德榜带领技术人员经过500多次试验，创立了联合制碱法。这种新方法使原料利用得更加充分，降低了成本，同时生产纯碱和副产品氯化铵（可作为化工原料和肥料），还省去了石灰窑、蒸氨塔等设备，其优越性远远超过了氨碱法，成为世界制碱领域最先进的方法。

发明家风采

侯德榜（1890—1974），中国工业化学家，字致本，福建闽侯人。清华学校（今清华大学）毕业，先后就读于美国马萨诸塞理工学院、纽约市普拉特专科学院，是哥伦比亚大学哲学博士。曾任塘沽永利碱厂和南京永利硫酸铵厂总工程师兼厂长、永利化学公司总经理。中华人民共和国成立后当选为中国化工学会理事长、中国科协副主席，并任化工部副部长等职。中科院学部委员（院士）。1957年加入

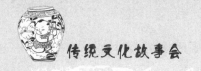

中国共产党。1939年首先提出联合制碱法的连续过程，对纯碱和氮肥工业做出了重大的贡献，为发展中国化学工业起了积极的作用。主要著作有《纯碱制造》、《制碱》及《制碱工学》等。

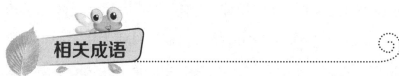

相关成语

另辟蹊径：指另外开辟一条路。比喻另创一种新风格或另找一个新途径、新方法。

想象力评价

侯德榜能够有这样的成就在于他有一颗热爱科学的心，更在于他有一腔爱国热血。为了打破外国人对制碱法的垄断，实现中国人自己制碱，侯德榜苦心钻研，发明了新的制碱方法，开辟了世界制碱工业的新纪元。

在你心中，这项发明的想象力可以获得几颗小星星？请为其获得的小星星涂上颜色。